NOTIONS D'AGRICULTURE

NOTIONS D'AGRICULTURE

à l'usage

DES ÉLÈVES DES ÉCOLES PRIMAIRES

PAR

A. MARIE-CARDINE

OFFICIER DE L'INSTRUCTION PUBLIQUE

INSPECTEUR PRIMAIRE HONORAIRE

MEMBRE DES SOCIÉTÉS D'AGRICULTURE & D'HORTICULTURE

DE L'ARRONDISSEMENT DE LISIEUX

« L'Agriculture est la plus belle
des professions ; elle donne la
santé et l'indépendance. »

2ᴱ ÉDITION

*Augmentée et mise en rapport avec le
Programme d'Agriculture*

CAEN

LIBRAIRIE CHÉNEL

Gaston COLAS, petit-fils & successeur

Rue Saint-Jean, 16-18

OUVRAGE

DÉDIÉ

A LA SOCIÉTÉ D'AGRICULTURE

de l'Arrondissement de Lisieux

NOTIONS D'AGRICULTURE

à l'usage

DES ÉLÈVES DES ÉCOLES PRIMAIRES

PAR

A. MARIE-CARDINE

OFFICIER DE L'INSTRUCTION PUBLIQUE
INSPECTEUR PRIMAIRE HONORAIRE
MEMBRE DES SOCIÉTÉS D'AGRICULTURE & D'HORTICULTURE
DE L'ARRONDISSEMENT DE LISIEUX

« L'Agriculture est la plus belle
des professions ; elle donne la
santé et l'indépendance. »

2ᴱ ÉDITION

*Augmentée et mise en rapport avec le
Programme d'Agriculture*

CAEN

LIBRAIRIE CHÉNEL
Gaston COLAS, petit-fils & successeur
Rue Saint-Jean, 16-18

AVERTISSEMENT DE L'ÉDITEUR

La Société des Agriculteurs de France, dans sa séance du 15 décembre 1897, a inséré, dans son procès-verbal, le compte-rendu suivant fait par M. Boivin-Champeaux :

« Le livre dont vous m'avez chargé de vous rendre compte a pour auteur M. Marie-Cardine, officier de l'Instruction publique, inspecteur honoraire. Il est intitulé : *Notions d'Agriculture à l'usage des élèves des écoles primaires*, et porte comme devise une maxime que notre Société ne peut qu'approuver : « L'agriculture est la plus belle des professions ; elle donne la santé et l'indépendance. »

« Le livre est divisé en quatre parties : la ferme, le sol, les plantes, le cidre. Il y a un Supplément sur les institutions agricoles et un Appendice sur l'horticulture et l'arboriculture.

« L'ouvrage est écrit dans un style clair et précis ; les notions élémentaires de l'agriculture sont formulées d'une façon exacte et méthodique.

« On devine sans peine que M. Marie-Cardine est Normand ; la partie la plus intéressante et la plus complète de son œuvre est certainement celle qui traite du cidre. L'auteur appelle l'attention de ses lecteurs sur les points suivants : travaux préparatoires, culture du pommier, récolte des pommes, fabrication du cidre, choix des eaux, propreté des futailles, fermentation du cidre, cidre en bouteilles, poiré, eau-de-vie. Sur chacun de ces points, M. Marie-Cardine donne des conseils très minutieux, et qu'il serait désirable de voir suivre par tous les cultivateurs.

« En somme, l'ouvrage paraît ne mériter que des éloges ; il serait à souhaiter que l'exemple de M. Marie-Cardine fût suivi et que, dans chacun de nos départements, un traité élémentaire d'agriculture pût être mis entre les mains des élèves des écoles primaires. »

PRÉFACE

La première édition des *Notions d'Agriculture* a été épuisée dès son apparition. Ce petit ouvrage a justifié les éloges qui lui ont été donnés par M. Boivin-Champeaux dans le rapport qu'il a fait à la Société des Agriculteurs de France, et les instituteurs n'ont pas tardé à reconnaître qu'il contient tout ce qu'il importe à leurs élèves de savoir pour leur préparation au certificat d'études et aux examens des concours d'agriculture.

Répondant aux besoins de l'enseignement de l'agriculture, ce livre, sur la demande des instituteurs, a été mis sur la liste des livres classiques à employer dans les écoles, et la Société d'Agriculture de l'arrondisse- de Lisieux en a voté un certain nombre d'exemplaires pour être distribués aux élèves.

La deuxième édition a été mise en rapport avec le programme dressé par le professeur d'Agriculture du département, et des problèmes relatifs à l'agriculture y ont été ajoutés.

L'ouvrage est un « véritable Guide pratique destiné à faciliter la tâche des instituteurs dans leur enseignement, aujourd'hui obligatoire, des notions élémentaires d'agriculture. » (1).

A. M.-C.

(1) Circulaire ministérielle du 4 janvier 1897.

INTRODUCTION

Sommaire. — But et importance de l'Agriculture. — Avantages
de la profession d'Agriculteur

Qu'est-ce que l'agriculture ?

L'agriculture est l'art de cultiver la terre, de la
fertiliser, de la faire produire les plantes nécessaires à la nourriture de l'homme et de celle des
animaux.

Quel est le but de l'agriculture ?

Le but de l'agriculture est d'étendre, de favoriser,
de propager la végétation des plantes utiles, et
de perfectionner de plus en plus leurs produits
applicables aux besoins de l'humanité.

Est-ce que l'agriculture est une profession honorable ?

De toutes les professions, l'agriculture est la
plus noble et la plus honorable. Elle est non-
seulement utile, mais indispensable aux nations.

Dans tous les temps, elle a été en honneur chez
tous les peuples. On peut donc dire qu'elle est la
première et la plus utile des professions. Elle est
aussi une science des plus intéressantes et pour
laquelle beaucoup de personnes se passionne-
raient assurément, si elles la connnaissaient
bien.

Quels sont les avantages de la profession agricole?

La profession agricole exige, il est vrai, un travail pénible ; mais, en revanche, elle conserve la santé, procure l'indépendance, amène quelquefois l'aisance et toujours elle donne des satisfactions et des jouissances qu'on ne rencontre nulle part ailleurs.

Est-ce que la vie des champs est préférable à celle des villes?

Oui, assurément : les habitants des villes sont continuellement renfermés dans leurs habitations privées d'air, ou travaillent dans les manufactures au sein d'une atmosphère corrompue, tandis que les habitants des campagnes respirent un air pur et salutaire et se livrent à des travaux qui développent les forces physiques. (1) C'est, en effet; parmi les cultivateurs que l'on trouve les hommes les plus robustes.

Les populations rurales ne doivent donc pas se laisser éblouir par l'éclat trompeur des cités, et abandonner les champs pour les villes. Ils doivent, au contraire, aimer et honorer leur profession, y attacher leurs enfants, leur faire donner l'instruction dont ils ont besoin, et les engager à rester toujours aux champs, où se trouve plus facilement le bonheur.

---

(1) Le grand air, l'exercice, la frugalité donnent la santé, le premier des biens, et assurent une vieillesse exempte d'infirmités.

NOTIONS D'AGRICULTURE

PREMIÈRE PARTIE

LA FERME

CHAPITRE 1er

BATIMENTS DE LA FERME

Sommaire. — Emplacement de la ferme. — Diverses parties de la ferme. — Importance d'une ferme.

Qu'entend-on par le mot ferme ?

On entend par le mot ferme l'ensemble des terres qui composent une exploitation agricole, ou les bâtiments nécessaires à cette exploitation. Ces deux parties distinctes sont intimement liées entre elles.

I

Emplacement

Quel doit être l'emplacement d'une ferme ?

Autant que possible, les bâtiments d'une ferme doivent être situés au milieu des terres qui en dépendent; il faut qu'on puisse y arriver par des chemins bien entretenus, et qu'ils soient voisins de sources ou de ruisseaux assez abondants pour les besoins de la ferme.

La cour doit être assez spacieuse pour le transport des récoltes, le dépôt du fumier, et aussi pour que les bestiaux puissent y venir prendre l'air pendant qu'on nettoie les étables.

Le sol de la cour doit avoir la pente nécessaire pour que l'eau n'y reste pas stagnante.

Quelles sont les différentes parties d'une ferme ?

Les bâtiments d'une ferme comprennent : 1° le logement du fermier ; 2° la laiterie ; 3° la grange, les greniers et les hangars ; 4° les écuries et les étables ; 5° la bergerie et la porcherie ; 6° la basse-cour ; 7° le jardin potager.

II

Logement du fermier

Quel doit être le logement du fermier ?

Le logement du fermier doit satisfaire à trois conditions essentielles : solidité, salubrité, confortable. Il doit être un peu élevé au-dessus du sol, à l'abri de l'humidité, et comprendre : une cuisine : une laverie, une salle, une cave, et des chambres selon le nombre des personnes de sa famille.

Il est bon qu'il soit placé de telle sorte que, même de chez lui, il puisse exercer sa surveillance.

Il est inutile d'ajouter que la maison doit être constamment tenue en bon état ; que tout doit être balayé, lavé, nettoyé ; que l'air doit être souvent renouvelé. A ces conditions, la santé et le bien-être y gagneront beaucoup

Où couchent les domestiques ?

Les domestiques ont leur lit, les uns dans l'écurie, les autres dans l'étable, les servantes couchent ordinairement dans le fournil, qui sert en même temps de buanderie.

III

Laiterie

Qu'est-ce que la laiterie ?

La laiterie est le local où l'on met le lait à écrémer et où l'on fait le beurre et les fromages blancs.

Comment doit être située la laiterie ?

La laiterie doit être située auprès de la maison d'habitation, dans un endroit tranquille, à proximité d'une pompe, afin de pouvoir être lavée fréquemment. Elle doit être voutée, dallée et n'avoir de fenêtres qu'au nord.

Une très grande propreté est une condition indispensable d'une bonne laiterie ; conséquemment, elle doit être éloignée des mares, des tas de fumier.

IV

Granges, Greniers, Hangars

Indiquer la destination des granges, greniers et hangars ?

Les granges sont spécialement destinées à abriter les céréales conservées en gerbes depuis la récolte jusqu'au moment où on les bat pour séparer le grain de la paille.

Les greniers construits sur les divers bâtiments de la ferme servent à loger le foin et les grains de toute espèce.

Les hangars servent à abriter les charrettes, les tombereaux et les instruments aratoires.

V

Écuries, Étables

Comment doivent être disposées les écuries et les étables ?

Les écuries doivent être exposées au midi. Elles doivent être pavées et traversées dans le sens de la longueur par une rigole qui doit conduire l'urine des chevaux dans la fosse au fumier, ou dans la citerne au purin.

Les écuries doivent être assez vastes pour que l'air ne puise s'y corrompre. Il faut donner à chaque cheval 1m50 d'espace en largeur.

Les fenêtres nécessaires au renouvellement de l'air doivent être placées en regard les unes des autres et assez élevées pour que le courant d'air n'atteigne pas les chevaux.

La plupart des écuries de ferme sont garnies de râteliers où l'on place la ration de fourrage des chevaux, qui en foulent une partie aux pieds. Dans certaines fermes, les râteliers sont remplacés par des mangeoires où le fourrage est haché de façon à éviter le gaspillage inévitable avec les râteliers ordinaires.

L'espace à accorder dans les étables aux bêtes à cornes est le même que celui dont les chevaux ont besoin dans les écuries.

Les étables doivent être pavées comme les écuries et pourvues d'une rigole pour l'écoulement des urines.

Autant que possible, les étables doivent être exposées à l'est avec des ouvertures à l'ouest, en face les unes des autres, afin qu'on puisse facilement les aérer. (1)

Les inconvénients des râteliers sont les mêmes dans l'étable que dans l'écurie.

VI

Bergerie, Porcherie

Indiquez quelle doit-être la disposition de la bergerie et de la porcherie ?

La bergerie doit être exempte d'humidité, exposée au midi et au nord, afin qu'on puisse toujours y maintenir une température à peu près uniforme. Un mètre carré est nécessaire à chaque mouton.

Les moutons qu'on engraisse et les brebis mères doivent être séparées des autres par une cloison. Le centre de la bergerie est occupé, sur toute sa longueur, par un râtelier double posé à terre, où les moutons peuvent manger des deux côtés.

La porcherie doit être saine, chaude en hiver et fraîche en été. Elle doit être pavée et offrir une pente suffisante pour l'écoulement des eaux. Chaque animal exige une superficie de 3 à 4 mètres. Il faut isoler les verrats, les gorets, les truies mères et les porcs à l'engrais, dans des compartiments séparés. L'auge dans laquelle on distribue aux porcs leur ration doit être adossée au mur du fond de leur

____

(1) En Hollande, les étables sont d'une propreté exquise.

toit ; un volet à coulisse permet de leur donner leur nourriture sans entrer dans le toit.

VII

Basse-cour, Jardin potager

Parlez de la basse-cour ?

Dans la basse-cour où se trouvent les volatiles de la ferme et les loges à lapins, une grande propreté est de rigueur. Des compartiments doivent séparer les diverses espèces de volailles qui ne vivent pas habituellement en bonne harmonie.

Le poulailler doit être construit, autant que possible, loin des appartements habités et se fermer très exactement.

Dans les fermes un peu importantes, se trouve, à l'un des angles de la cour, un petit bâtiment appelé fournil, qui contient la boulangerie et la buanderie.

Que doit-on encore trouver dans la ferme ?

Aux constructions précédentes, une ferme doit encore joindre un jardin potager avec verger, à proximité de la maison d'habitation, et destiné à fournir les légumes et les fruits qui sont nécessaires aux habitants de la ferme.

En quoi consiste l'importance d'une ferme ?

L'importance d'une ferme consiste dans le nombre des têtes de gros bétail qu'elle nourrit.

Avec beaucoup de bestiaux, on obtient beaucoup de fumier, et avec une grande quantité de fumier, on obtient de bonnes récoltes. Le bétail constitue donc la richesse du cultivateur et l'importance réelle d'une ferme.

CHAPITRE II

HABITANTS DE LA FERME

SOMMAIRE. — Le Fermier. — La Fermière. — Les Domestiques. — Economie agricole et comptabilité.

Quels sont les habitants de la ferme ?

Les habitants de la ferme se composent du fermier, de la fermière, de leurs enfants et des domestiques (1).

Quelle est la principale condition du succès en agriculture ?

La principale condition du succès en agriculture, c'est que les maîtres et les domestiques apportent dans l'accomplissement de la tâche qui leur est confiée, tout le zèle dont ils sont capables, et qu'ils remplissent les devoirs qui leur sont imposés.

I.

Le Fermier

Quels sont les devoirs du fermier ?

Le fermier doit à tous l'exemple de l'accomplissement de ses devoirs. Il doit être équitable,

(1) Les mots Fermier et Fermière dérivent naturellement du mot Ferme.

humain, actif, économe et avoir de l'ordre. Il doit être le premier levé dans la ferme et le dernier couché ; il doit veiller à tout et diriger tout par lui-même.

Ce sont les bons maîtres qui font les bons serviteurs ; le long séjour d'un domestique dans une maison est un éloge pour celui qui l'emploie aussi bien que pour lui-même.

Est-ce qu'un cultivateur a besoin d'être instruit ?

Assurément, un cultivateur a besoin d'être instruit, car l'agriculture est une science difficile, qui exige des connaissances solides. Il n'y a peut-être pas de profession qui exige des connaissances plus variées que celles de cultivateur.

En effet, il faut que le cultivateur puisse distinguer la nature des terrains, qu'il sache quels engrais leur conviennent, quelles plantes il devra y cultiver ; qu'il connaise la théorie des assolements, les récoltes les plus avantageuses, etc.

Entre les mains d'un ignorant, l'agriculture n'est qu'un métier pénible et peu lucratif ; pour le culivateur instruit et expérimenté, ce n'est pas la moins avantageuse des professions.

La division du travail a-t-elle une grande importance dans la ferme ?

Assurément, il est très important que le cultivateur assigne à chacun, ce qu'il a à faire, et il pourra procéder à la division du travail d'après les principes suivants :

1° Appliquer chaque ouvrier à sa spécialité :

2° Mettre assez d'ouvriers pour faire l'ouvrage sans prodiguer les bras.

3° Faire les travaux chacun en sa saison ;

4° Exécuter les travaux les plus pressés les premiers ;

5° Ne pas remettre au lendemain les travaux pressants que l'on peut exécuter immédiatement ;

6° Réserver pour les mauvais temps les travaux qui peuvent être exécutés à couvert.

II

La Fermière

Quelles qualités doit posséder la fermière?

La fermière étant chargée de la direction des travaux intérieurs de la ferme, doit posséder un grand nombre de qualités. Elle doit, avant tout, posséder le sentiment religieux et l'esprit de justice et d'équité. Elle doit savoir exercer la compassion, la libéralité, la bienveillance et l'indulgence, tout en conservant la fermeté dont elle a le plus grand besoin.

Une fermière doit encore posséder une certaine instruction, aimer l'ordre et la propreté et savoir pratiquer l'économie.

III

Les Domestiques

Quels sont les devoirs des domestiques ?

Les domestiques doivent le respect et l'obéissance à leurs maîtres ; ils doivent les servir avec fidélité, ne rien détourner de ce qui leur appartient, et exécuter avec soin les travaux dont ils sont chargés.

Quelle doit être la conduite des domestiques envers les maîtres ?

Les domestiques doivent recevoir avec docilité les ordres qui leur sont donnés, répondre poliment aux observations qui leur sont faites, ne parler qu'en termes convenables de la maison qui les occupe et la défendre de tout leur pouvoir si on l'attaque injustement.

IV

Économie agricole. — Comptabilité

Qu'entend-on par économie agricole ?

Par économie agricole, on entend le soin que le cultivateur apporte à tirer constamment parti de tous ses produits, et à ne faire que des dépenses utiles.

L'économie domestique a donc une grande importance ?

Oui, car c'est d'elle que dépend la prospérité ou la ruine d'une exploitation rurale, en faisant connaître si les dépenses dépassent les bénéfices de l'exploitation.

Comment le cultivateur peut-il se rendre compte de ses opérations ?

C'est en tenant une comptabilité régulière.

Comment doit-il tenir cette comptabilité?

La comptabilité agricole doit être aussi simple que possible et à la portée de tous les cultivateurs.

Il suffit d'inscrire, jour par jour, sur un registre spécial, le prix des animaux, des intruments et des engrais achetés, ainsi que le prix des produits récoltés, des animaux et des denrées vendus, les salaires payés, etc., etc.

Est-il nécessaire que la fermière prenne part à la comptabilité?

Oui, assurément. Puisque c'est la fermière qui a la charge de la basse-cour et de la laiterie, elle doit aussi tenir un registre spécial où elle inscrit, d'un côté, les dépenses qu'elle fait, et de l'autre, les recettes provenant de la vente des volailles, du beurre, du fromage, des fruits. Le total des recettes sera reporté plusieurs fois par an sur le registre principal.

Il est donc utile que la comptabilité agricole soit tenue avec soin.

Oui, puisque c'est le moyen de s'assurer si l'exploitation est en perte ou si elle a du bénéfice.

Il faut donc que les livres soient tenus avec le plus grand soin, de manière à ce que le fermier puisse se rendre un compte rigoureux de ses déboursés et de ses recettes.

Indiquez le modèle d'un registre très simple?

Ce registre peut se disposer de la manière suivante :

RECETTES				DÉPENSES			
DATES	OPÉRATIONS	FR.	C.	DATES	OPÉRATIONS	FR.	C.
3 Septembre	Vendu à Duval 20 h. de blé à 21 fr.	420	»»	1er Septembre	Payé au maréchal	32	50
10 Septembre	Vente d'une vache	325	»»	15 Septembre	Payé les gages de Michel	300	»»
. . . .	. . . .	. . . .	. .	. . . .	. . . .	. . . .	. .
. . . .	. . . .	. . . .	. .	. . . .	. . . .	. . . .	. .
. . . .	. . . .	. . . .	. .	. . . .	. . . .	. . . .	. .
. . . .	. . . .	. . . .	. .	. . . .	. . . .	. . . .	. .
. . . .	. . . .	. . . .	. .	. . . .	. . . .	. . . .	. .
. . . .	. . . .	. . . .	. .	. . . .	. . . .	. . . .	. .
. . . .	. . . .	. . . .	. .	. . . .	. . . .	. . . .	. .

A la fin de chaque mois, on balance les recettes avec les dépenses, afin de pouvoir vérifier la caisse et rectifier les erreurs qu'on aurait pu faire.

Chaque année, le cultivateur doit faire un inventaire de tout ce qu'il possède.

CHAPITRE III

ANIMAUX de la FERME ou DOMESTIQUES

Sommaire. — Différentes espèces d'animaux domestiques.—Services qu'ils rendent. — Oiseaux de basse-cour

I.

Animaux domestiques

Qu'appelle-t-on animaux domestiques ?

On appelle animaux domestiques ceux qui secondent l'homme dans ses travaux,qui le servent et contribuent à le nourrir. Les uns labourent les champs et traînent les voitures ; les autres donnent de la viande, du lait, du beurre, du fromage, etc. En outre, ils produisent le fumier ou un engrais nécessaire à la fertilisation des terres.

Quels sont les animaux domestiques les plus utiles en agriculture ?

Les animaux domestiques qui intéressent le plus l'agriculture appartiennent à quatre espèces différentes : 1º l'espèce chevaline ; 2º l'espèce bovine ; 3º l'espèce ovine ; 4º l'espèce porcine. Il convient d'y ajouter les oiseaux de basse-cour.

II.

Espèce chevaline

Que comprend l'espèce chevaline ?

L'espèce chevaline comprend le cheval, dont la femelle et la jument, puis l'âne et le mulet.

CHEVAL. — *Quelle est l'utilité du cheval ?*

Le cheval est le plus utile et le plus précieux des animaux domestiques. On l'emploie, soit pour la course à la selle ou à la voiture, soit pour les travaux agricoles ou pour le service du roulage.

Quelle est la nourriture du cheval ?

La nourriture ordinaire du cheval se compose de foin, d'avoine, de son, d'orge, de paille et de carottes.

Au printemps, on lui donne du fourrage vert, qu'il aime beaucoup. Une bonne nourriture lui est nécessaire en tout temps.

Quels soins faut-il donner aux juments poulinières ?

Les juments poulinières doivent être traitées avec le plus grand soin pendant la durée de la gestation qui est de onze mois. Il leur faut une bonne nourriture et d'autant moins de fatigue qu'elles approchent davantage de mettre bas.

Comment le poulain s'élève-t-il ?

Le poulain vit d'abord du lait de la mère; il reste en liberté autour d'elle ; il la suit, l'accompagne aux champs et prend peu à peu de la force et de la taille. A 2 ou 3 mois, il commence à manger et on peut lui donner un peu de fourrage tendre avec quelques poignées d'avoine concassée. Peu à peu, on augmente la ration; puis, quand il est habitué à ce régime, on peut le sevrer.

A quel âge le poulain doit-il commencer à travailler?

Il ne faut guère, avant deux ans, soumettre le poulain à un travail continu et, pour l'y accoutumer, il faut beaucoup de douceur et de patience. En le faisant travailler trop tôt, la fatigue nuirait au développement de ses membres.

ANE. — *Indiquez l'utilité de l'âne et ses qualités?*

L'âne s'emploie, comme le cheval, à la charrue et à la voiture : il porte sur son dos de lourds fardeaux et sert quelquefois de monture. Sa force, sa patience et sa sobriété le font rechercher des gens peu aisés. Mais on a le tort de lui faire subir de mauvais traitements et c'est ce qui le rend parfois têtu et paresseux. (1)

L'âne est-il difficile à nourrir ?

Non, l'âne mange peu et s'accommode de tout ce qu'on lui donne ; il est plus difficile pour la boisson; il lui faut une eau claire et sans mauvais goût. Il craint de se mouiller les pieds ; il se détourne pour éviter la boue et on a peine à lui faire traverser un ruisseau.

MULET. — *Qu'est-ce que le mulet et quelle est son utilité ?*

Le mulet est le produit de l'âne et de la jument. Il est plus sobre, plus frugal que le cheval et résiste mieux à la fatigue. Il est quelquefois entêté

____

(1) Le lait d'ânesse est très estimé.

et capricieux, et si on lui fait subir de mauvais traitements, il en garde rancune au point de s'en venger.

Où préfère-t-on les mulets aux chevaux?

Les mulets sont préférés aux chevaux dans les pays de montagnes, surtout où les fourrages sont maigres et peu abondants.Ils font presque autant d'ouvrage et coûtent moins à nourrir ; mais ils ne sont nullement propres à la course. On les utilise dans l'armée pour traîner les voitures.

III

Espèce bovine

Que comprend l'espèce bovine ?

L'espèce bovine comprend principalement le bœuf, la vache et le veau. Elle donne à l'homme son travail et lui fournit le lait, la viande, le suif, le cuir, le fumier, etc. Le bœuf mâle s'appelle taureau, la femelle vache, les petits sont des veaux ou des génisses.

Bœufs. — Quelle est l'utilité du bœuf?

Le bœuf est destiné au travail et à l'engraissement. Il peut travailler dès l'âge de deux ans et est souvent préféré au cheval pour les labours ; il va moins vite, fait moins d'ouvrage, mais il coûte moins à nourrir et ne perd pas sa valeur en vieillissant.

Quand doit-on commencer à engraisser les bœufs?

Il y a des bœufs qui ont peu d'aptitude au travail et qu'on n'élève que pour le commerce de la boucherie ; tels sont ceux de la Normandie et telle est surtout la race Durham. (1) Ils doivent être mis à l'engrais dès qu'ils ont pris toute leur croissance, à 3 ou 4 ans.

D'autres bœufs, comme ceux du Nivernais et de l'Auvergne, sont employés aux travaux des champs avant de les engraisser. c'est-à-dire à 9 ou 10 ans, selon les circonstances.

Où engraisse-t-on les bœufs ?

L'engraissement des bœufs a lieu dans les pâturages, si l'herbe y est abondante, autrement il vaut mieux les engraisser à l'étable, car on a le fumier en plus.

VACHE. — *Quel est l'emploi de la vache en agriculture ?*

La vache est quelquefois destinée au travail, mais particulièrement à la production du lait et des veaux ; plus tard, on l'utilise pour l'engraissement.

Quelles sont les races qui fournissent les meilleures vaches laitières ?

Ce sont les races flamandes, normandes et bretonnes.

Quels sont les aliments qui conviennent le mieux aux vaches laitières ?

En été, ce sont les bons pâturages ; en hiver, le bon foin ou le regain de trèfle ou de luzerne. les pommes de terre cuites, les carottes, les tourteaux, le grain égrugé, le tout assaisonné de sel. Plus leur nourriture est substantielle, plus elles auront de lait.

(1) La race Durham nous vient d'Angleterre.

Quelle est l'influence des aliments sur le lait ?

La nourriture influe non-seulement sur la quantité, mais encore sur la qualité et le bon goût du lait, ainsi que du beurre qu'on en extrait.

Y a-t-il avantage à engraisser les vaches ?

Oui, quand elles sont devenues trop vieilles pour donner des veaux et du lait en quantité suffisante ; mais il ne faut pas attendre qu'elles aient perdu leurs dents.

VEAU. — *Quels sont les premiers soins qu'exige le veau ?*

Dans les premiers jours, on le laisse téter aussi longtemps qu'il le désire. On le sèvre au bout d'un mois ou six semaines, soit pour l'élever, soit pour le vendre à la boucherie ; on jouit ensuite du lait.

Y a-t-il avantage à engraisser le veau ?

Oui, cet engraissement est un placement avantageux du lait ; c'est ainsi qu'on obtient la chair de veau de première qualité.

Quand les veaux sont sevrés, on les met dans un bon pâturage avec les vaches ou les bœufs.

TAUREAU. — *Qu'est-ce que le taureau ?*

On appelle taureau le jeune bœuf ; il sert pendant quelques années à la reproduction, après quoi il est employé comme bête de trait. Le taureau est un animal avec lequel il ne faut pas jouer, et il devient dangereux quand on l'irrite.

IV.

Espèce ovine

Qu'appelle-t-on race ovine ?

On appelle racine ovine les moutons ou bêtes à laine. Le mâle s'appelle bélier, la femelle brebis, et les petits se nomment agneaux.

Quelles sont les principales races de l'espèce ovine ?

Les principales races de l'espèce ovine sont : la race commune, la race mérinos, la race anglaise et la race mixte ou métisse, formée du croisement des autres.

Indiquez les avantages de chaque race ?

La race commune donne la laine la plus grossière et les bêtes de la plus petite taille ; elle est facile à nourrir, elle réussit dans les endroits secs et dans les pays de montagnes.

La race mérinos (1) est la plus estimée pour la finesse de sa laine dont on fait de riches tissus mais cette race ne se plaît que dans les riches pâturages.

La race anglaise, excellente pour la boucherie, produit une laine assez fine, et s'engraisse facilement.

Les métis tiennent du mérinos pour la qualité de la chair et de la laine, seulement ils sont plus forts et s'élèvent sans trop de difficulté.

___

(1) La race mérinos nous vient d'Espagne.

Où les moutons donnent-ils la plus belle chair et la plus belle laine?

On constate que c'est dans les meilleurs pâturages que les moutons ont la plus belle chair, et que c'est dans les plus maigres qu'ils ont la plus belle laine.

En quoi consiste la nourriture des moutons?

La nourriture des moutons se compose de fourrages frais et secs. Ces derniers se donnent en toute saison. En hiver, les fourrages frais sont remplacés par les tourteaux, et surtout par les racines qu'on a soin de couper en tranches minces, auxquelles on ajoute un peu de son.

Quels sont les principaux produits des bêtes ovines?

Ce sont : la chair, qui est un aliment excellent; le lait, employé surtout pour faire du beurre et des fromages; la graisse, avec laquelle on fabrique du suif; la peau, utilisée par les tanneurs; et enfin, la toison, qui fournit la laine.

Quand se fait la tonte des moutons?

La tonte des moutons a lieu au mois de juin. Après que la toison a été détachée à l'aide de ciseaux, il est bon de la laver, ce qui vaut mieux que le lavage à dos quelquefois usité.

Lorsque les moutons sont tondus, il faut les garder à la bergerie une partie de la journée, et ne les faire sortir que le matin et le soir, parce qu'ils auraient trop à souffrir des mouches et des insectes qui s'attacheraient à leur peau.

V.

Espèce porcine

Que comprend l'espèce porcine?

L'espèce porcine comprend le porc ou cochon. Le porc mâle s'appelle verrat ; la femelle, truie ; les petits s'appellent pourceaux.

Quelle est l'utilité du porc et sa nourriture ?

On élève le porc pour sa chair et sa graisse ; c'est un animal d'une grande utilité.

Il est facile à nourrir et peu coûteux ; il mange à peu près tout ce qu'on lui donne : débris de cuisine, eaux grasses, matières végétales ramassées dans les champs, graines et racines avariées, etc.

Quelles sont les deux races préférées en France ?

Ce sont : la race française et la race des tonquins assez répandue en France (1).

La race française a les jambes longues et le corps allongé ; elle engraisse moins vite, mais sa sa chair est meilleure.

La race des tonquins a les jambes courtes et le corps raccourci ; elle engraisse promptement, mais sa chair est moins délicate.

Quand et comment s'engraisse le porc ?

On commence à engraisser le porc à l'âge d'un an environ. L'engraissement dure de 3 à 6 mois, et l'animal atteint alors un poids considérable.

(1 La race des tonquins nous vient de la Chine.

On lui donne des pâtées de pommes de terre cuites avec des eaux de cuisine, des préparations de farine d'orge et de petit lait légèrement aigries par la fermentation, de l'orge, du son, du sarrasin.

Est-il vrai que le cochon se plaise dans la saleté ?

C'est une opinion répandue, mais fausse. Le cochon aime, il est vrai, à se vautrer dans la boue, mais il n'y recherche que l'humidité. Il faut donc le laver souvent et renouveler fréquemment sa litière (1).

La porcherie doit être entretenue avec soin et bien aéré (2).

VI.

Oiseaux de basse-cour

Quels sont les oiseaux de basse-cour d'une ferme ?

On comprend sous le nom de volaille tous les oiseaux de basse-cour, tels que poules, canards, oies, dindons et pigeons.

On élève aussi des lapins dans la basse-cour.

POULES. — *Quelle est l'utilité des poules ?*

Les poules sont les volailles les plus utiles. Leur chair est excellente, et elles fournissent des œufs en grande quantité (3).

La plupart des poules ne pondent guère que

(1) Dupuis.
(2) Les renseignements sur les animaux domestiques sont en partie extraits de l'agriculture par Fosseyeux.
(3) Pavette.

tous les deux jours ; les bonnes pondeuses pondent tous les jours.

Le mâle de la poule est le coq et ses petits sont les poulets.

Quelles sont les meilleures races françaises ?

Ce sont : les poulardes de Crèvecœur, les gelinottes de Caumont (Calvados), et les races de Houdan et de La Flèche.

Comment nourrit-on les poules ?

Les poules se nourrissent de son, d'avoine, de sarrasin et autres grains. Elles grattent la terre où elles trouvent des vers, des insectes et le fumier, où elles trouvent des graines.

CANARD. — *Quelle est l'utilité du canard ?*

Le canard est un mets estimé. Ses œufs sont aussi bons que ceux de la poule, mais en général on les réserve pour les faire couver. La femelle du canard s'appelle cane, et les petits s'appellent canetons ?

Comment se nourrissent les canards ?

Les canards ne sont pas difficiles à élever ; ce sont de tous les oiseaux de basse-cour ceux qui se nourrissent le plus aisément. Tout leur est bon : substances végétales, matières animales. Lorsqu'ils sont petits, il faut leur préparer une nourriture spéciale.

Quelle est la condition nécessaire pour élever des canards ?

La condition nécessaire pour élever des canards c'est d'avoir une eau (mare, étang, ruisseau) où ils puissent barboter à leur aise, s'y baigner et y détremper les substances dont ils se nourrissent.

Oies. — *Quelle est l'utilité des oies?*

La chair de l'oie est assez délicate et sa graisse est une des meilleures qu'on puisse employer à la préparation des aliments ; son foie sert à faire des pâtés. Les plumes d'oie et le duvet, ou plume fine, constituent la plume des oreillers et des lits de plumes, qui sont l'objet d'un commerce assez étendu.

Comment nourrit-on les oies?

Les oies sont faciles à nourrir; elles aiment l'herbe et paissent comme des brebis dans les près et les pâturages. Mais il est bon de leur donner une certaine quantité de grain qui est utile à l'entretien de leur santé.

Le mâle de l'oie est le jars, ses petits sont les oisons.

Quel soin faut-il prendre pour les oies qui pondent?

Comme les oies déposent leurs œufs de tous les côtés, il faut qu'elles soient enfermées au moment de la ponte.

Dindons. — *Comment s'élèvent les dindons?*

Les dindons sont difficiles à élever ; ils ne s'élèvent facilement que dans les localités qui ne sont ni trop froides, ni trop humides, car ils sont très sensibles au froid. Ce qui convient bien aux dindons, ce sont les terrains sablonneux, de vastes bruyères.

La femelle du dindon est la dinde, et les petits s'appellent dindonneaux.

Quelle est la nourriture des dindons?

Les dindons sont conduits souvent en troupes dans les champs, où ils se nourrissent d'herbes, de grains, de fruits, de glands, de châtaignes, de noix, de vers, d'insectes et d'œufs de fourmis, si favorables à leur nourriture, surtout quand ils sont jeunes.

Comment engraisse-t-on les dindons?

Les dindons s'engraissent facilement ; ils sont voraces et mangent tout ce qu'ils rencontrent. Les aliments qui conviennent le mieux sont les farines de grains.

La chair du dindon est excellente.

PIGEONS. — *Parlez des pigeons?*

Les pigeons sont des oiseaux timides, il est donc convenable que le pigonnnier ou le colombier soit autant que possible, placé dans un lieu éloigné du bruit et du mouvement de la ferme.

Comment divise-t-on les pigeons

Il y a deux sortes de pigeons : les pigeons domestiques, qui vivent toujours au colombier , et les pigeons fuyards qui vont chercher leur nourriture dans les champs et qui causent de grands dégâts dans les cultures *(a)*.

Comment nourrit-on les pigeons domestiques ?

La vesce est la graine qui leur convient le mieux ; mais on peut y substituer ou y mélanger du sarrasin, des pois gris, du chènevis ou des menus grains.

LAPINS. — *Comment élève-t-on les lapins ?*

Les lapins s'élèvent dans des loges ou clapiers, ou dans des enclos nommés garennes.

(a) Dupuis.

En quoi consiste la nourriture des lapins?

La nourriture des lapins se compose d'herbe, et surtout d'épluchures de légumes. On y ajoute, en été, des feuilles de carottes, de persil, de chicorée, et en hiver, des pommes de terre, des racines, du son, des grains, etc. Il faut donner peu de choux, et jamais d'herbe mouillée.

Quelle est la qualité de la chair des lapins?

On engraisse les lapins pour leur chair qui est saine et assez nourrissante. Celle des lapins de garenne est très estimée.

Quel est le rôle des lapins en agriculture?

Le lapin sauvage est un fléau pour les végétaux cultivés. Le lapin domestique est une ressource pour le ménage, et peut même donner un certain bénéfice *(a)*.

(a) Dupuis.

CHAPITRE VI

—

MALADIES DES ANIMAUX DOMESTIQUES

Sommaire.—Principales maladies des espèces chevaline, bovine, ovine et porcine. — Soins à donner aux animaux domestiques. — Traitement à exercer. — Loi Grammont.—Sociétés protectrices des animaux.

I

Maladies des bestiaux (1)

D'où proviennent les maladies des bestiaux?

Les maladies des bestiaux proviennent principalement : 1° de l'insuffisance de la nourriture ; 2° de la mauvaise qualité de la nourriture ou de l'eau ; 3° de la malpropreté et de l'insalubrité des écuries et des étables ; 4° d'un travail excessif ; 5° des mauvais traitements ; 6° du défaut de soins convenables.

Comment reconnaît-on qu'un animal est malade?

On reconnaît qu'un animal est malade quand il ne mange plus, quand il rend des matières plus fréquentes et plus claires, ou, au contraire, plus sèches et plus rares qu'en santé, quand il a le regard abattu et qu'il marche péniblement.

(1) Extrait de l'Agriculture par Bussard et Corblin.

Que faut-il faire quand un animal paraît malade ?

Dès qu'on s'aperçoit qu'un animal est malade, il faut s'empresser d'appeler un vétérinaire.

Quelles sont les principales maladies auxquelles les chevaux sont exposés ?

Les principales maladies des chevaux sont : la gourme, la morve, le farcin, le cornage, la pousse et les maladies d'yeux.

Faites connaître en quoi consiste chacune de ces maladies.

1° La gourme se manifeste par un écoulement d'humeur par les naseaux;

2° La morve, beaucoup plus grave, a des symptômes analogues. Cette maladie est contagieuse, même du cheval à l'homme; et, lorsqu'un animal en est atteint, il faut l'abattre immédiatement ;

3° Le farcin est une affection identique à la morve; il est marqué par l'apparition de boutons purulents, de plaies ulcéreuses, et il est incurable :

4° Le cornage est un bruit anormal produit à la sortie ou à l'entrée de l'air dans les voies respiratoires. Ce bruit se fait entendre quand l'animal a accompli un travail pénible;

5° La pousse affecte la respiration ; les battements du flanc sont anormaux et laissent voir que l'inspiration se fait en deux temps.

Il faut aux animaux poussifs un régime spécial et un travail facile ;

6° Les maladies d'yeux consistent en une inflammation qui se répète environ tous les 30 jours ; l'œil se ternit peu à peu et, au bout d'un temps plus ou moins long, il se forme une cataracte. Cette maladie est incurable et héréditaire.

A ces diverses maladies du cheval, il convient d'ajouter : les coliques, la diarrhée, la courbature, les maladies typhoïdes et celles du pied, qu'il serait trop long de décrire.

Citez les principales maladies des bêtes bovines

Les principales maladies des bêtes bovines sont : la péripneumonie, les maladies charbonneuses, la tuberculose ou phtisie pulmonaire, le typhus, la fièvre aphteuse ou cocotte et la météorisation.

Décrivez chacune de ces maladies ?

1° La péripneumonie est une maladie contagieuse des poumons qui met plusieurs semaines à se déclarer, et qui est caractérisée par de la toux et une sensibilité extrême de la colonne vertébrale. Cette maladie est due à une mauvaise nourriture et surtout au passage subit du chaud au froid ;

2° Les maladies charbonneuses sont contagieuses et communes à tous les animaux domestiques. Elles se manifestent par une altération du sang, la perte des forces et la production d'une ou de plusieurs tumeurs, suivies le plus souvent de mort. On a vu des troupeaux de bœufs et de moutons détruits en quelques jours (1) ;

3° La tuberculose ou phtisie pulmonaire est une maladie générale, contagieuse, qui fait périr l'animal par consomption sans aucun remède ;

4° Le typhus des bêtes à cornes ou peste bovine est d'une extrême gravité.

(1) Le charbon se communique facilement à l'homme par de simples piqûres.

5° La fièvre aphteuse ou cocotte est également épidémique, mais moins grave. Elle attaque les muqueuses de la bouche, les mamelles et l'entre-deux des ongles du pied ;

6° La météorisation commune à tous les ruminants, consiste dans le dégagement des gaz qui s'accumulent dans la panse. Ces gaz proviennent du fourrage vert mouillé ou absorbé par les bêtes en trop grande quantité.

Il faut combattre la météorisation dès qu'on s'aperçoit qu'un animal enfle ; on lui fait avaler une cuillerée d'ammoniaque (alcali volatil) délayée dans un demi-litre d'eau, ou, à défaut, une cuillerée de salpêtre dissous dans un verre d'eau-de-vie. Si cela ne suffit pas, on perse la panse du côté gauche, avec un couteau pointu ou mieux avec un trocart (1).

Quelles sont les principales maladies des bêtes à laine ?

Ce sont : la cachexie, le tournis, la gale, le piétin, la clavelée.

En quoi consiste chacune de ces maladies ?

1° La cachexie est souvent contractée par les moutons dans les prairies humides, et est due à un ver parasite.

2° Le tournis est causé par certains parasites qui se logent dans les fosses nasales ou le cerveau ; l'animal s'agite constamment, tourne sur lui-même et meurt bientôt.

3° La gale est un petit bouton rouge qui pousse à la peau de l'animal, lui cause des démangeaisons

______

(1) Le trocart est un instrument à lame triangulaire pointu à l'une de ses extrémités et renfermé dans une **gaine**.

cuisantes et endommage sa toison. Il faut arracher avec précaution la mèche de laine qui recouvre ce bouton ; on le fend avec un canif et on le frotte avec une pommade préparée à cet effet.

4° Le piétin se montre sous forme d'ulcère conta. gieux entre les ongles et bientôt sur le pied tout entier. Il faut visiter chaque jour les animaux boiteux et les cautériser avec de la créosote, et de l'acide phénique.

5° La clavelée est une affection de la peau, contagieuse et souvent très grave, qui exerce de grands ravages.

Faites connaître les maladies du porc ?

Les porcs peuvent être atteints par le rouget, qui les fait périr en très peu de temps ; par le charbon, la fièvre aphteuse, comme les bœufs et les moutons ; l'angine ou esquinancie ; par la ladrerie due à la présence du ténia qui se rencontre principalement sous la langue ; par la trichinose, également causée par un parasite redoutable, la trichine.

La viande de port trichinée peut communiquer la trichinose à l'homme, lorsqu'elle est insuffisamment cuite.

II

Soins à donner aux animaux domestiques

Comment doit-on traiter les animaux ?

Les animaux, qui sont nos auxiliaires et qui sont indispensables à l'agriculture, ont droit à des soins particuliers.

Nous devons donc être pour eux des maîtres bons et soigneux, les traiter avec douceur, les mettre dans des logements salubres, leur donner une nourriture saine, abondante et bien réglée, les tenir propres, ne pas leur imposer un travail au-dessus de leurs forces et ne jamais les brutaliser. (1)

Quels soins de propreté exigent les animaux ?

La propreté est essentielle pour les animaux. Le bœuf, la vache, l'âne et le mulet demandent comme le cheval, à être pansés, brossés et même étrillés ; et, quand ils rentrent fatigués, ils ont besoin d'une litière fraîche et abondante. Avec de la propreté, des bons soins et une bonne nourriture, l'animal gagne en santé, se porte mieux et se vend plus cher.

Le cheval exige des précautions particulières. Ainsi, il ne faut pas l'exposer à passer brusquemen du chaud au froid. S'il est en sueur, et qu'on soit obligé de l'arrêter, il faut lui jeter une couverture sur le dos. A l'écurie, il faut le laisser souffler un peu avant de lui donner à manger, le bouchonner et éviter pour lui les courants d'air (2).

Quels sont les résultats des bons ou des mauvais traitements envers les animaux ?

Quant on agit à l'égard des animaux avec douceur, ils font volontiers ce qu'on exige d'eux ; mais si on les maltraite, ils deviennent rétifs, mutins, dangereux. Ce sont les mauvais traitements qui rendent le cheval ombrageux, la vache indocile, l'âne et le mulet revêches, et qui font que le taureau cherche quelquefois à tuer son gardien. Les mau-

(1) Barrau.
(2) Fossoyeux.

vais traitements sont toujours préjudiciables à ceux qui les emploient.

Tout chef d'exploitation doit surveiller attentivement ses serviteurs et exiger rigoureusement qu'ils s'abstiennent de mauvais traitements et de brutalité envers ses bestiaux.

III

Loi Grammont

N'y a-t-il point une loi qui punit ceux qui maltraitent les animaux domestiques

Oui, il y a une loi, dite Loi Grammont, du nom de l'homme de bien qui la fit voter en 1850 : cette loi punit de l'amende et de la prison ceux qui excercent des mauvais traitements envers les animaux domestiques.

IV

Sociétés protectrices

Qu'est-ce que les sociétés protectrices d'animaux ?

Ce sont des sociétés dont le but est de propager les idées et les sentiments de pitié, de douceur, à l'égard des animaux.

Depuis quelques années, beaucoup de ces sociétés ont été organisées dans les campagnes par les instituteurs ; moyennant une légère cotisation, les élèves de l'école en font partie.

Les enfants qui ne peuvent pas donner d'argent, peuvent au moins protéger les animaux en ne les faisant jamais souffrir, et en leur faisant du bien.

On a souvent l'occasion de constater la vérité de ce vieux dicton : « Bon pour les bêtes, bon pour les gens »

DEUXIÈME PARTIE

LE SOL

CHAPITRE V

Sommaire. — Le sol et le sous-sol. — Composition du sol. — Terres argileuses, calcaires, sablonneuses, etc. — Amélioration du sol.

I

Le Sol

Qu'est-ce que le sol ?

Le sol est la couche superficielle de la terre que retourne la charrue et dans laquelle croissent les plantes. On l'appelle aussi terre végétale ou arable, c'est-à-dire labourable. (1)

Combien y a-t-il de sortes de sols. — Nommez-les ?

Il y a trois sortes de sols : les sols argileux ou glaiseux, les sols calcaires et les sols sablonneux ou siliceux. (2)

---

(1) Le sol arable est d'autant meilleur qu'il est plus profond.

(2) On pourrait ajouter une quatrième sorte de sol, appelée sol tourbeux. On donne le nom de terrains tourbeux à des terrains noirâtres, impropres à la végétation et qui renferment beaucoup de débris acides de végétaux.

4

Dans le sol argileux, c'est l'argile qui domine ; dans le sol calcaire, c'est la chaux ; dans le sol sablonneux ou siliceux, c'est le sable ou la silice.

Ces trois éléments du sol : l'argile, la chaux et le sable constituent les matières minérales.

Qu'est-ce que le sol argileux ou glaiseux ?

Le sol argileux est celui qui est compacte et conserve l'humidité. Dans les temps de pluie, les terres argileuses ne peuvent se cultiver, tant la terre s'attache aux instruments ; dans les temps de sécheresse, elles se crevassent et deviennent très dures. Les labours ne peuvent s'y faire qu'avec difficulté ; mais elles sont productives quand elles sont débarrassées de leur excès d'humidité. (1)

Qu'est-ce que le sol calcaire ?

Le sol calcaire est celui qui contient une forte proportion de calcaire ou pierre à chaux.

Les terres calcaires sont ordinairement blanches ; elles absorbent facilement l'humidité, mais elles la laissent s'évaporer aux moindres rayons du soleil. La pluie les rend pâteuses et la sécheresse les réduit en poussière. (2)

Qu'est-ce que le sol sablonneux ou siliceux ? (3)

Le sol sablonneux ou siliceux est celui qui est sec, léger, pénétrable à l'eau, à l'air et à la chaleur. Les terres sablonneuses sont faciles à cultiver ;

(1) Les terres argileuses se désignent aussi sous le nom de terres fortes et froides.

(2) Les terres calcaires sont classées parmi les terres chaudes.

(3) Le mot silice vient du nom latin *silex*, qui signifie pierre, caillou.

elles exigent moins de labours que les terres argileuses, s'échauffent facilement au soleil. (1)

Quels sont donc les éléments constitutifs du sol ?

Les éléments qui constituent le sol sont : l'argile, la chaux et le sable, mélangés avec une quantité plus ou moins grande d'humus ou terreau.

Qu'est-ce que l'humus ou terreau ?

L'humus ou terreau est une substance terreuse, d'une couleur brune ou noirâtre, qui se trouve à la surface du sol et provient de la décomposition des matières animales et végétales enfouies dans la terre. (2)

Indiquez quelques débris animaux et végétaux ?

Les principaux débris animaux sont : le sang, les os, la chair, la peau, les poils, les plumes, etc. des animaux.

Les principaux débris végétaux sont : les feuilles, qui tombent des arbres, les chaumes des blés et les pailles qui restent après la moisson, les tiges, les jeunes pousses des plantes, etc.

Les sols composés d'argile, de silice et de carbonate de chaux, sont-ils productifs sans humus ?

Non, l'humus est indispensable à tous les sols et leur degré de fertilité dépend en général de la quantité d'humus qu'ils contiennent.

---

(1) Les terres sablonneuses sont classées parmi les terres chaudes et légères.

(2) Desbeaux.

Qu'appelle-t-on terres franches ?

Les terres franches sont un mélange des trois autres avec un douzième d'humus. Elles ne sont ni trop friables, ni trop pâteuses: l'eau, l'air et la chaleur les pénètrent facilement et elles donnent d'abondantes récoltes.

Les terres franches conviennent spécialement à la culture des céréales. (1)

Quel est en général le meilleur sol ?

Le meilleur sol est celui qui est composé, par parties égales, d'argile, de calcaire et de sable et qui renferme en outre une grande portion d'humus.

Tous les sols ont-ils la même profondeur ?

Tous les sols ne sont pas également profonds. Il y en a qui n'ont que 10 à 12 centimètres de profondeur ; d'autres, en ont beaucoup plus. 20 centimètres peuvent être considérés comme la profondeur moyenne.

Peut-on augmenter la valeur du sol par des labours profonds ?

Souvent, on pourrait donner aux terrains une plus grande valeur en augmentant la profondeur de la couche arable par des labours profonds. Mais ce moyen ne peut être employé lorsque le sol repose sur le roc ou sur des bancs de pierres où de cailloux.

Les sols profonds ont-ils des avantages sur les autres sols ?

Oui, ils retiennent mieux l'humidité pendant les sécheresses, sans que, pour cela, les plantes

(1) Les terres franches se composent d'environ 1/3 de sable, 1/3 d'argile et 1/3 de carbonate de chaux. — Desbeaux.

souffrent de l'eau dans les moments de pluie. A richesse égale, ils fournissent aux plantes une plus grande masse de nourriture que les autres sols. Les végétaux s'y fixent mieux et les céréales y versent moins facilement.

II

Le sous-sol

Qu'est-ce que le sous-sol ?

Le sous-sol est la couche de terre qui se trouve immédiatement au-dessous de la terre arable ou végétale.

Comment classe-t-on les sous-sols ?

On classe les sous-sols comme les sols ; ainsi, il y a les sous-sols argileux, calcaires et sablonneux.

Le sous-sol a-t-il de l'influence sur la qualité du sol ?

Oui, le sous-sol a une grande influence sur la qualité du sol. Il est presque infertile, étant privé, à cause de la couche végétale qui le recouvre, de l'influence de l'air et de la lumière.

Quel est le moyen de rendre le sous-sol fertile ?

Le moyen de rendre le sous-sol fertile, c'est de le ramener, peu à peu, à la surface du sol.

Quel est le sous-sol qui convient le mieux : 1° au sol argileux ? ; 2° au sol calcaire ? ; 3° au sol sablonneux ?

1° Les sous-sols sablonneux et calcaires sont les plus convenables pour les sols argileu., parce qu'ils laissent écouler facilement l'humidité et que, mélangés avec le sol, ils le divisent et le rendent moins compacte.

2° Les sous-sols argileux sont les plus convenables pour les sols calcaires, parce qu'ils retiennent l'humidité et tempèrent la chaleur du sol.

3° Les sous-sols argileux sont aussi les plus convenables pour les sols sablonneux, parce qu'ils retiennent l'humidité qui passe facilement à travers le sol, et que, mélangé, à ce dernier, ils le rendent moins léger et lui donnent ce qu'on appelle du corps (1).

III

Amélioration du sol

Qu'entend-on par fertilité ou fécondité du sol ?

On dit qu'un sol est fertile, fécond ou productif, lorsqu'il donne des récoltes abondantes et continues.

Qu'entendez-vous par améliorer le sol ?

Améliorer un sol, c'est augmenter sa richesse ou sa fertilité, de manière à en obtenir des produits meilleurs ou plus abondants (2).

Quels moyens emploie-t-on pour améliorer le sol ?

On améliore le sol de plusieurs manières :

1° Par les labours, les binages et les hersages, qui rendent la terre plus meuble ;

(1) Le sous-sol qui laisse passer l'eau est appelé *perméable*, et celui qui la retient est dit *imperméable*.

(2) Dupuis.

2º Par les irrigations quand la terre est trop séche, et par le drainage ou l'assainissement, quand le terrain contient un excès d'humidité.

3º En mélangeant dans le sol des matières étrangères, appelées matières fertilisantes.

Comment divise-t-on les matières fertilisantes ?

Les matières fertilisantes se divisent en trois groupes, qui sont : les amendements, les stimulants et les engrais.

N'y a-t-il pas encore un autre moyen d'améliorer le sol ?

Oui, en faisant succéder les plantes dans l'ordre le plus convenable, c'est-à-dire en choisissant et en suivant un bon assolement.

Quelles sont les qualités que doit avoir une terre pour être fertile ?

Pour être fertile, il faut : 1º que la terre ne soit ni trop compacte, ni trop légère, ni trop humide ; 2º qu'elle soit composée, par portions à peu près égales de matières argileuses, calcaires et sablonneuses ; 3º qu'elle contienne un douzième d'humus ; 4º qu'elle repose sur un sous-sol perméable si elle retient l'eau, imperméable si elle la laisse s'écouler, et que ce sol n'ait pas les qualités qu'elle-même contiendrait déjà à l'excès (1).

_____

(1) Desbeaux.

CHAPITRE VI

LABOURS

I

Labours

Qu'appelle-t-on labour (1) ?

On appelle labour une opération qui consiste à diviser et à ameublir la surface du sol ou couche arable, de manière à la rendre plus perméable à l'air, à la chaleur et à l'eau.

Le labour a-t-il une grande importance ?

Oui, le labour est la plus importante de toutes les opérations agricoles, et l'un des plus puissants moyens de fertiliser la terre.

Quelles sont les conditions essentielles d'un bon labour ?

Un bon labour doit ameublir le sol, le retourner, de sorte que la couche superficielle, qui est plus ou moins épuisée, soit remplacée par une terre neuve, comme celle qui se trouve au-dessous (2).

---

(1) Le mot labour vient du mot latin *labor*, qui signifie travail. On dit, en effet, labourer ou travailler la terre.

(2) Dupuis.

Indiquez les avantages d'un bon labour ?

Un bon labour a pour but :

1° De détruire les mauvaises herbes en les enfouissant ou en les arrachant ;

2° D'opérer le mélange des amendements et des engrais avec la terre végétale ;

3° De faciliter l'extension et le développement des racines ;

4° De fertiliser la terre par son contact avec l'air (a).

Les labours doivent-ils avoir la même profondeur dans tous les terrains ?

Non, les labours doivent être plus profonds sur les terres compactes que sur les terres légères, sur celles dont le sous-sol est bon que sur celles où il est mauvais.

Dans une même terre faut-il donner la même profondeur aux labours ?

Non, la profondeur des labours doit varier suivant la nature des plantes ; ainsi, les labours doivent être plus profonds pour les plantes à racines pivotantes, telles que les betteraves, les carottes, que pour les céréales (1).

On a reconnu que les labours profonds sont l'une des conditions essentielles de succès dans la culture.

Quelle doit être la profondeur des labours ?

Des labours de 35 à 40 centimètres peuvent être regardés comme profonds. Dans la pratique, les

____

(1) Plus les labours sont profonds, plus il faut donner d'engrais à la terre. — Le dernier labour doit être fait peu de temps avant les semailles.

(a) Lagrue.

labours ont ordinairement de 20 à 25 centimètres.

Indiquez les principales règles de labour ?

Dans la bonne culture, il est de règle que la terre doit toujours être occupée par un ensemencement ou maintenue nette et friable par le travail aratoire.

Si l'on n'a pu cultiver, dès l'été, les terres destinées à être ensemencées au printemps suivant, il ne faut pas attendre l'instant du semis pour donner le premier labour, mais l'effectuer avant ou pendant l'hiver, afin de tourmenter les chiendents, et pour exposer le sol à l'action des gelées.

Les champs argileux ne peuvent être trop remués par la charrue, mais ils ne se façonnent qu'à un degré déterminé d'humidité. Au contraire, il faut éviter de labourer très fréquemment les terres sableuses et légères ; mais elles se façonnent par tous les temps sans aucun inconvénient.

Un labour effectué mal à propos peut nuire au sol pendant un an ou deux, et compromettre le succès de plusieurs récoltes.

II

Instruments aratoires

Qu'appelle-t-on instruments aratoires ?

On appelle instruments aratoires les outils qui servent à labourer ou à travailler la terre.

Quels sont les principaux instruments employés à cultiver la terre ?

Les principaux instruments employés à cultiver la terre sont : 1° la charrue ; 2° la herse ; 3° le rouleau ; 4° l'extirpateur ; 5° le scarificateur ; 6° la houe à cheval ; 7° le buttoir ; 8° le semoir (1).

CHARRUE

Qu'est-ce que la charrue? (2)

La charrue est un instrument qui a pour objet de diviser et d'ameublir le sol, de manière à couper, à soulever et à renverser les bandes de terre. (a)

De quelles pièces se compose la charrue?

Les pièces qui composent la charrue sont: 1° le soc ; 2° le versoir ; 3° le sep ; 4° le coutre ; 5° l'âge, haie ou flèche ; 6° les étançons ; 7° les manches ou mancherons ; 8° le régulateur ; 9° l'avant-train.

Qu'est-ce que le soc?

Le soc est une pièce de fer triangulaire qui coupe la terre horizontalement, la soulève et permet au versoir de la renverser. (3)

Qu'est-ce que le versoir?

Le versoir ou oreille est cette partie de la

(1) Les maîtres conduiront leurs élèves chez les cultivateurs pour leur faire étudier les instruments aratoires en usage dans la contrée. Ces promenades agricoles seront d'une grande utilité pour les enfants, surtout si elles leur permettent de mieux comprendre les notions que renferme leur livre d'agriculture

(2) La charrue est l'instrument le plus utile en agriculture. Il y en a de diverses espèces, mais toutes se rapportent à deux types principaux : 1° la charrue à avant-train ; 2° la charrue sans avant-train qu'on appelle araire.

(3) Le soc est la partie principale de la charrue.

(a) Dupuis.

charrue qui soulève et renverse la tranche de terre séparée du sol par le coutre et le soc. (1)

Qu'est-ce que le sep ?

Le sep ou talon est la partie de la charrue qui porte le soc, et à laquelle sont attachés l'âge et les mancherons ; il glisse au fond du sillon, en s'appuyant contre la terre non labourée. (2)

Qu'est-ce que le coutre ?

Le coutre est une espèce de couteau, placé en avant tout près du soc ; il est destiné à couper verticalement la bande de terre qui doit être renversée.

Qu'est-ce que l'âge ?

L'âge appelé aussi haie ou flèche, est cette longue pièce de bois ou de fer à laquelle sont fixées les différentes parties de la charrue ; il est terminé par les mancherons.

Qu'est-ce que les étançons ?

Les étançons sont des boulons qui fixent le sep à l'âge. (*a*)

A quoi servent les mancherons ?

Les mancherons servent au laboureur à diriger et à maintenir la charrue.

Qu'est-ce que le régulateur ?

Le régulateur est une chaîne ou une tige de fer qui permet de modifier à volonté la largeur et la profondeur du sillon à creuser.

(1) Le versoir est le prolongement du soc.
(2) Le sep est la base de la charrue.
(*a*) Desbeaux.

Qu'est-ce que l'avant-train ?

L'avant-train est cette partie de la charrue qui consiste en un essieu auquel sont adaptées deux roues et à laquelle sont attelés les animaux. (1)

HERSE

Qu'est-ce que la herse ?

La herse est un instrument qui se compose d'un châssis ou cadre en bois ou en fer, lequel porte à sa face inférieure des dents en bois ou en fer.

A quoi sert la herse ?

La herse sert : 1° à émietter ou à briser les mottes de terre après le labour ; 2° à enlever les mauvaises herbes et à enterrer les semences.

ROULEAU

Qu'est-ce que le rouleau ?

Le rouleau est un cylindre en bois, en pierre ou en fonte, tournant sur un axe de fer, dont les extrémités portent des brancards auxquels on attelle les animaux destinés à traîner l'instrument.

A quoi sert le rouleau ?

Le rouleau sert : 1° à briser les mottes qui n'ont pas été suffisamment divisées par les labours ou les hersages ; 2° à unir le sol avant ou après la semence de certaines graines ; 3° à chausser le pied des céréales, qui a été soulevé par les gelées.

---

(1) Dans plusieurs sortes de charrues, il n'y a pas de régulateur ni d'avant-train.

EXTIRPATEUR

Qu'est-ce que l'extirpateur ?

L'extirpateur est une charrue à plusieurs socs, sans versoir, qui coupe entre deux terres les mauvaises herbes, et qui remue le sol sans le retourner.

A quoi sert l'extirpateur ?

L'extirpateur sert à rehausser, à ameublir le terrain et à enterrer les semences.

SCARIFICATEUR

Qu'est-ce que le scarificateur ?

Le scarificateur a la même forme que l'extirpateur ; mais les socs sont remplacés par des coutres en forme de dents de herse recourbées.

A quoi sert le scarificateur ?

Le scarificateur sert à fouiller la terre et à la déchirer sans la retourner. Il sert encore à unir les terres pour ameublir celles qui n'ont pas été labourées depuis longtemps, et pour détruire les mauvaises herbes. (1)

HOUE A CHEVAL

Qu'est-ce que la houe à cheval ?

La houe à cheval est un instrument muni de socs et de couteaux destinés à détruire les mauvaises herbes et à ameublir la surface du sol dans la culture des plantes-racines semées en lignes ou rayons. (a)

(1) Hugot.
(a) Desbeaux.

BUTTOIR

Qu'est-ce que le buttoir ?

Le buttoir est une espèce de charrue à deux versoirs qui peuvent s'écarter ou se rapprocher à volonté.

A quoi sert le buttoir ?

Dans les cultures sarclées, le buttoir sert à chausser ou butter les plantes. Il sert encore à ouvrir ou vider les rigoles d'écoulement après les semailles. (*a*)

SEMOIR

Qu'est-ce que le semoir ?

Le semoir est un instrument qui contient la graine dans une grande caisse, et la laisse tomber dans des conduits aboutissant aux sillons.

Quels avantages présente le semoir ?

Avec le semoir, la graine est répandue uniformément sur la terre ; on sème en ligne, pas trop dru ; la semence pénètre à une profondeur déterminée et est recouverte aussitôt, ce qui ne peut avoir lieu quand on sème à la main.

Y a-t-il économie à se servir du semoir ?

Oui : le semoir fait économiser du temps et de la semence, parce que les grains étant également espacés, on n'en emploie que la quantité indispensable. (1)

---

(1) Le semoir est un instrument excellent dans les grandes fermes.

(*a*) Desbeaux.

III

Machines agricoles

Qu'appelle-t-on machines agricoles ?

On appelle machines agricoles des machines inventées pour venir en aide à l'agriculture. (1)

Quels avantages offrent les machines agricoles ?

Les machines agricoles permettent au cultivateur d'accomplir ses travaux avec économie, dans le temps le plus court et le plus opportun. Leur emploi est devenu nécessaire, depuis que la main-d'œuvre est devenue rare et chère.

Quelles sont les principales machines agricoles employées ?

Les principales machines agricoles employées, sont: 1° la moissonneuse ; 2° la faucheuse ; 3° la batteuse ; 4° la faneuse ; 5° le râteau à cheval ; 6° le tarare ; 7° le hache-paille ; 8° le coupe-racines.

Qu'est-ce que la moissonneuse ?

La moissonneuse est une machine qui a pour organe principal une scie, exécutant, à chaque tour de roue, un mouvement de va-et-vient très rapide au moyen duquel les tiges des céréales sont coupées et déposées en javelles. (a)

---

(1) Dans les grandes fermes, on fait mouvoir ces machines au moyen de locomobiles à vapeur ; mais, dans les petites exploitations, on remplace le moteur par un manège conduit par un cheval.

(a) Fournier

Quels avantages offre la moissonneuse?

Avec la moissonneuse, la récolte se fait très vite, et avec un nombre de bras de beaucoup inférieur à celui que nécessite la moisson à la faucille, à la sape ou à la faux, selon la méthode ordinairement employée.

Qu'appelle-t-on faucheuse?

On appelle faucheuse une machine qui sert à faucher les foins, et qui est construite sur un système analogue à celui de la moissonneuse.

Qu'est-ce qu'une batteuse?

La batteuse, ou machine à battre, est l'instrument le plus utile qu'on puisse employer dans l'intérieur d'une ferme.

Avec cette machine, on peut préparer, dans un jour, soit pour la vente, soit pour les semailles, ce qui demande autrement huit jours de travail.

Qu'appelle-t-on faneuse?

On appelle faneuse ou machine qui sert à retourner l'herbe fauchée pour la faire sécher.

La faneuse peut-elle s'employer sur toutes les prairies?

On ne doit pas employer la faneuse sur les prairies artificielles, parce qu'elle nuirait à la qualité du fourrage, en détachant les feuilles qui sont la partie la plus nutritive de la plante.

Qu'est-ce que le râteau à cheval?

Le râteau à cheval est un instrument destiné au ramassage du foin sur les prairies?

Qu'est-ce que le tarare?

Le tarare est un appareil mécanique qui remplace le van et le crible : il sert à nettoyer le grain en le débarrassant des mauvaises graines.

Qu'appelle-t-on hache-paille?

On appelle hache-paille un instrument qui sert à hacher la paille que l'on mélange, en hiver, au foin ou au grain, et, en été, au vert, afin d'éviter la météorisation.

Qu'est-ce que le coupe-racine ?

Le coupe-racine est un instrument qui sert à couper les racines destinées. à la nourriture des animaux pendant l'hiver.

CHAPITRE VIII

IRRIGATIONS ET DRAINAGE

Sommaire. — Divers modes d'irrigation. — Assainissement
du sol. — Drainage.

I

Irrigations

Qu'est-ce que l'irrigation ?

L'irrigation est l'arrosement du sol au moyen
de rigoles.

Quel est le but des irrigations ?

Les irrigations ont pour but de fournir aux
plantes l'eau dont elles ont besoin. Elles ont encore
pour but quelquefois d'enrichir le sol de certains
principes fertilisants contenus dans l'eau.

*Quelles sont les terres qu'il convient d'irri-
guer ?*

Les irrigations sont utiles dans tous les terrains,
excepté dans ceux qui sont trop mouillés. Elles
sont particulièrement favorables aux terres sableuses trop sèches et trop chaudes (1)

(1) Dans notre pays, les irrigations sont principalement
appliquées aux prairies.

Quelles eaux doit-on préférer pour les irriga-
tions ?

Toutes les eaux ne conviennent pas pour l'irrigation : les meilleures sont celles des rivières, des sources, surtout si elles ont séjourné longtemps à l'air et traversé des lieux habités ou cultivés. (1)

N'est-il pas quelquefois utile d'irriguer les
prés humides ?

Oui, il est utile d'irriguer les prés humides, lorsqu'il s'agit de faire écouler les eaux croupissantes, afin de les remplacer par une eau courante plus favorable à la végétation.

Quelle est l'époque convenable pour les irri-
gations ?

On peut irriguer à peu près toute l'année, mais surtout au printemps et pendant l'été.

Combien y a-t-il de manières d'irriguer les
terrains ?

L'irrigation, soit sur les terres arables, soit sur les prairies, se pratique de trois manières différentes : 1° par l'irrigation proprement dite, ou écoulement continu ; 2° par submersion ; 3° par infiltration.

En quoi consiste l'arrosement par irrigation
proprement dite ?

L'arrosement par irrigation proprement dite, consiste à répandre l'eau à la surface du sol, de manière qu'elle s'y renouvelle constamment, sans

____

(1) L'eau doit être en quantité suffisante et de bonne qualité.

jamais y séjourner. On se sert, à cet effet, de canaux et de rigoles. (1)

Qu'est-ce que l'arrosement par submersion ?

L'arrosement par submersion a lieu quand l'eau recouvre tout le terrain à la fois, et y séjourne quelque temps, et laisse après elle sur le sol un limon fertilisant.

En quoi consiste l'arrosement par infiltration?

L'arrosement par infiltration consiste en ce que l'eau ne dépasse pas les bords des rigoles d'arrosement, de manière qu'elle arrive aux racines des plantes, non pas directement, mais bien en s'infiltrant à travers le sol. (a)

Qu'entend-on par les eaux riches employées pour les irrigations ?

Les cultivateurs disposent parfois de liquides riches qu'il serait déplorable de laisser perdre, et qu'ils peuvent utiliser par l'irrigation.

Telles sont les eaux des féculeries, des distilleries, et les purins qui s'écoulent des cours de ferme et se répandent sur les chemins.

II

Assainissement du sol

Qu'entend-on par assainissement des terres?

On entend par assainissement des terres, une opération qui a pour but de débarrasser le sol de l'excès d'humidité qu'il peut contenir.

(1) Ce mode est le plus usité pour les prairies naturelles. — Ordinairement on laisse couler l'eau pendant la nuit, et on l'arrête pendant le jour.

(a) Dupuis.

Comment se pratique l'assainissement des terres ?

L'assainissement des terres se pratique au moyen de fossés d'écoulement, et surtout au moyen du drainage qui est le procédé d'assainissement le plus répandu et le meilleur.

En quoi consiste les fossés d'écoulement?

Les fossés d'écoulement sont des tranchées plus ou moins grandes qu'on remplit de pierres, de fagots pouvant laisser facilement passer l'eau, et qu'on recouvre de terre. On les dispose en pente, et on les fait aboutir à un ruisseau ou à des citernes où l'eau se perd dans le sol.

III

Drainage (1)

Qu'est-ce que le drainage?

Le drainage est une opération qui consiste à ouvrir, dans le sol à assainir, une série de tranchées étroites, au fond desquelles on dispose bout à bout des tuyaux de terre cuite, appelés drains, par où les eaux s'écoulent, et qu'on recouvre avec la terre provenant des tranchées.

En quoi consiste l'ensemble du drainage ?

L'ensemble du drainage se compose de drains disposés par séries de lignes parallèles, et qui versent leurs eaux dans d'autres grands drains appelés collecteurs. Les collecteurs sont placés dans les parties basses du terrain et débouchent dans un fossé.

(1) Drainage vient d'un mot anglais qui signifie rigole.

Comment se pose les tuyaux de drainage ?

Pour poser les tuyaux au fond des tranchées, on se sert d'un instrument appelé broche, qui permet de les placer bout à bout en les raccordant avec soin (1).

On donne aux tranchées de 40 à 50 centimètres en haut, et de 10 à 20 centimètres au fond. La pose des tuyaux exige beaucoup de soin et ne peut être exécutée que sous la direction d'ouvriers exercés.

Indiquez la forme et les dimensions des tuyaux ?

Les tuyaux ou drains ont une forme cylindrique, un diamètre de 6 à 8 centimètres pour les gros tuyaux appelés collecteurs, et un diamètre de 3 à 5 centimètres pour les tuyaux secondaires qui se déchargent dans les premiers. Leur longueur varie de 30 à 35 centimètres.

A quelle profondeur et à quelle distance faut-il poser les conduits de drainage ?

La profondeur et la distance des drains varient selon la nature du sol et surtout de son degré d'humidité. Plus le sol est humide, plus les drains doivent être rapprochés et enfoncés profondément.

L'emplacement des drains varie de 10 à 15 mètres, et leur profondeur de 0 m. 90 à 1 m. 30.

Quelle pente faut-il donner aux drains ?

Les drains doivent avoir le plus de pente possible, afin qu'ils laissent les eaux s'écouler rapidement. L'inclinaison ne doit pas être inférieure à 2 ou 3 millimètres par mètre (2).

(1) Bussard.
(2) Dupuis.

Quelles sont les terres qu'il convient de drainer ?

Ce sont les terres marécageuses, les terres fortes, argileuses et compactes, et celles dont le sous-sol est imperméable. La nécessité du drainage est encore indiquée par la présence de joncs et autres plantes propres aux terrains froids et marécageux.

Quels sont les principaux avantages du drainage ?

Le drainage assainit parfaitement le sol, n'enlève rien a la surface cultivée, n'exige aucun frais d'entretien, maintient la chaleur de la terre, facilite la circulation de l'air et augmente la quantité et la qualité des récoltes (1).

Ne peut-on point utiliser les eaux du drainage ?

Oui, les eaux du drainage peuvent toujours être utilisées pour former des abreuvoirs ou des lavoirs. Ces eaux, ayant traversé des terres cultivées et fumées, sont supérieures à toute autre pour l'irrigation des prés et des terres arables, stérilisées par la sécheresse.

---

(1) Pour drainer un hectare de terrain, la dépense moyenne est d'environ 200 francs, mais cette dépense est compensée par l'augmentation de valeur du terrain. — Dupuis.

CHAPITRE VIII

AMENDEMENTS & STIMULANTS

Sommaire. — Distinction entre les amendements modifiants et les amendements stimulants. — Principaux amendements

I

Amendements

Qu'appelle-t-on amendements ?

On appelle amendements les substances qui servent à corriger les défauts naturels du sol, par exemple, à le rendre meuble s'il est trop compacte, ou à le rendre plus tenace s'il est trop meuble (*a*).

Quels sont les principaux amendements ?

Les principaux amendements sont ; 1° l'argile et le sable, qu'on appelle amendements modifiants, parce qu'ils changent la nature du sol ; 2° la chaux, la marne, le plâtre, les cendres, la tangue, etc., qu'on nomme stimulants, parce qu'ils ont spécialement pour but d'activer la végétation des plantes sans changer notablement la nature du sol (*a*).

(*a*) Hugot.

II

Amendements modifiants

ARGILE. — *Qu'est-ce que l'argile ? (1)*

L'argile est une terre molle et grasse, compacte et douce au toucher ; c'est un des éléments essentiels d'un sol arable.

Un sol trop argileux maintient les racines dans un milieu trop humide pendant la saison pluvieuse ; il se fendille pendant la sécheresse, et ne conserve pas l'humidité nécessaire à la dissolution de sels que les racines puisent dans le sol.

On améliore un sol argileux en y mêlant du sable, parce qu'il rend la terre plus poreuse et plus perméable.

SABLE. — *Qu'est-ce que le sable ?*

Le sable ou silice est une matière pierreuse, composée de grains plus ou moins fins, provenant de la désagrégation de roches.

On améliore un sol sableux en y mêlant de l'argile.

III

Amendements stimulants

CHAUX. — *Qu'est-ce que la chaux ?*

La chaux est une pierre calcaire qu'on a fait cuire dans un four, et qui est devenue blanche et friable. (*a*)

(1) L'argile s'appelle aussi alumine ou glaise ; elle sert à fabriquer des tuiles, des briques, des vases de terre, etc.

(*a*) Hugot.

A quels terrains convient la chaux ?

La chaux convient aux terres compactes, argileuses et fortes, qu'elle ameublit; elle ne convient pas aux sols calcaires.

Comment emploie-t-on la chaux ?

On dépose la chaux en petits tas sur le sol et on la recouvre de terre. Lorsqu'elle est éteinte et réduite en poudre, on l'épand uniformément sur le terrain, puis on l'enterre par un labour peu profond. (1)

Doit-on mélanger la chaux avec le fumier ?

Il vaut mieux employer alternativement la chaux et le fumier que de les mélanger ou de les répandre ensemble, parce que la chaux mise directement sur le fumier fait dégager l'ammoniaque qui se trouve perdue pour la végétation.

MARNE. — Qu'est-ce que la marne ?

La marne est un mélange naturel de carbonate de chaux, d'argile et de sable.

A quels terrains convient la marne ?

La marne convient à tous les terrains non calcaires ; mais la marne argileuse convient spécialement aux terres légères, la marne sablonneuse aux terres argileuses. *(a)*

A quelle époque et comment se fait le marnage (2) ?

Le marnage se fait généralement avant l'hiver. On dépose la marne sur le sol en tas égaux et

(1) Cette opération s'appelle chaulage.
(2) Le marnage est l'opération qui consiste à amender la terre par la marne.
(a) **Hugo.**

également espacés ; lorsque l'air et les gelées ont réduit la marne en poussière, on l'étend avec une pelle ou avec la herse. On laboure ensuite peu profondément. *(a)*.

PLATRE. — *Qu'est-ce que le plâtre?*

Le plâtre est du gypse ou sulfate de chaux. On le cuit au four comme la chaux ; lorsqu'il est cuit, il devient très avide d'eau. (1)

Comment emploie-t-on le plâtre ?

On emploie le plâtre cru ou cuit, mais réduit en poussière. On le répand au printemps sur les plantes quand elles commencent à pousser et on choisit, pour cette opération, un temps humide et calme. *(a)*

A quelles plantes convient le plâtre ?

Le plâtre convient particulièrement à la luzerne, au sainfoin, au trèfle, au colza et même au chanvre et au lin. *(a)*

Le plâtre produit-il de bons effets sur tous les sols ?

Il ne produit aucun effet sur les terrains humides ; mais il est très utilement employé sur les sols pauvres et calcaires. *(a)*

CENDRES. — *Quelles sont les cendres qu'on emploie en agriculture ?*

Ce sont principalement les cendres de bois, les cendres lessivées (ou charrées) et les cendres de tourbe. Les premières sont préférées. *(a)*

____

(1) Le plâtre est le stimulant le plus remarquable. — Fournier.

(a) Hugot.

A quels sols et à quelles plantes conviennent les cendres ?

Les cendres de bois lessivées ou charrée conviennent aux sols argileux et froids. Elles produisent un bon effet sur les légumineuses, le trèfle surtout, les prairies artificielles un peu humides et sur le sarrasin. Elles sont généralement recommandées comme moyen d'amélioration sur les prairies où l'on veut détruire la mousse, les joncs et autres plantes nuisibles.

Les cendres de tourbe sont favorables aux légumineuses, aux prairies naturelles ni trop sèches ni trop humides. *(a)*

Qu'est-ce que l'écobuage ?

L'écobuage est une opération qui consiste à brûler la couche supérieure du sol pour la mélanger ensuite à la terre. Cette opération a encore l'avantage de détruire les mauvaises herbes, ainsi que les insectes.

Comment emploie-t-on les cendres ?

On dépose les cendres sur le sol par petits tas, puis on les répand et on les enterre par un labour superficiel ou un hersage; ou bien on les sème à la volée comme le plâtre sur les prairies.

TANGUE. — FALUNS. — COQUILLAGES. — Qu'est-ce que la tangue ?

La tangue est un sable marin, très fin, composé de calcaire, de sable, de sel marin et de matières organiques. Elle convient aux sols argileux, compactes ; elle produit d'excellents effets sur les légumineuses et les céréales.

(a) Hugot.

Qu'appelle-t-on faluns ?

On appelle faluns des dépôts marins renfermant beaucoup de coquilles brisées et des sables calcaires très fins, mélés à une faible quantité d'argile. Ils conviennent aux sols dépourvus de calcaire.

Dans quels sols conviennent les coquillages ?

Les coquillages d'huîtres et de moules contiennent beaucoup de carbonate de chaux et sont avantageusement employés dans les sols argileux, compactes et humides. (1)

Les amendements et les stimulants suffiraient-ils pour obtenir de belles récoltes ?

Non, ils finiraient à la longue par épuiser le sol, si on ne leur associait pas des engrais proprement dits.

(1) La tangue, les faluns et les coquillages ne peuvent être employés que par les habitants du littoral.

CHAPITRE IX

ENGRAIS

I

Engrais

Qu'appelle-t-on engrais ?

On appelle engrais les substances provenant des débris de végétaux ou d'animaux qui, par leur décomposition, rendent au sol les propriétés fertilisantes que les récoltes lui enlèvent. Sous le nom d'engrais, on comprend donc toute substance propre à fertiliser le sol (*a*).

Que faut-il pour que les engrais puissent servir de nourriture aux plantes ?

Il faut 3 choses principales : de l'air, de la chaleur et de l'humidité.

Comment divise-t-on les engrais ?

On divise les engrais en engrais végétaux , engrais animaux, engrais mixtes et engrais chimiques.

(*a*) Hugot

II

Engrais végétaux

Qu'est-ce que les engrais végétaux?

Les engrais végétaux sont ceux qui proviennent exclusivement des plantes.

Quels sont les principaux engrais végétaux ?

Les principaux engrais végétaux sont : les engrais verts, les feuilles, les chaumes, les marcs de pommes, les pulpes de betteraves, les tourteaux de colza et de lin, les mauvaises herbes, plantes marines.

Qu'appelle-t-on engrais verts ?

On appelle engrais verts les plantes que l'on cultive pour les enfouir dans le sol, par un labour, quand elles ont atteint un certain développement.

Quelles sont les plantes qui conviennent le mieux pour engrais verts ?

Les plantes qui conviennent le mieux pour engrais verts sont celles qui croissent vite, comme le trèfle, les vesces, les pois, les fèves, le colza et le sarrasin.

Qu'appelle-t-on varechs ou goémons ?

Les varechs ou goémons sont des plantes marines qui se développent sur les rochers des côtes et que la mer rejette sur ses bords. C'est un engrais très énergique.

III

Engrais animaux

Qu'appelle-t-on engrais animaux ?

On appelle engrais animaux ceux qui proviennent des débris d'animaux et des déjections qui ne sont pas mêlées à la litière.

Quels sont les engrais provenant des débris d'animaux ?

Les engrais provenant des débris d'animaux, sont : la chair, le sang, les os, les poils, les plumes, les cornes des animaux morts, les chiffons de laine, etc. (1)

Comment emploie-t-on ces engrais ?

On les emploie en les mélangeant avec de la terre, de la tourbe, des pailles ou autres matières analogues. Ils sont plus énergiques que les engrais végétaux.

Quels sont les engrais provenant des déjections animales ?

Les principaux engrais provenant des déjections animales sont : les matières fécales, les urines, la colombine; le guano, le parc et le purin.

Parlez des matières fécales, et indiquez à quels terrains elles conviennent ?

Les matières fécales, ou excréments humains, sont le plus actif de tous les engrais. Cet engrais

(1) Les os s'emploient brûlés, broyés et réduits en poudre. — Le sang se fait sécher et durcir au feu, puis on le réduit en poudre.

6

convient à tous les terrains ; il porte le nom de poudrette (1).

Quelle est l'utilité des urines ?

Les urines de l'homme et des animaux, étendues d'eau, produisent un effet prodigieux, répandues sous forme d'arrosage sur les prairies articielles et naturelles et sur les légumineuses. Elles conviennent aux céréales si l'on y ajoute du superphosphate qui empêche la verse du grain.

Qu'est-ce que la colombine ?

La colombine est un riche et énergique engrais qui provient des déjections des pigeons et des autres oiseaux de basse-cour. Cet engrais a de l'influence sur tous les produits végétaux et a beaucoup de rapport avec le guano. On la répand à la volée sur les plantes, sans l'enterrer ; ou bien on la sème sur la terre labourée et l'on donne un coup de herse.

Qu'appelle-t-on guano ?

On appelle guano les excréments des oiseaux de mer qu'on trouve dans certaines îles. C'est un engrais énergique qui convient à toutes les cultures et aux prairies naturelles et artificielles.

Comment emploie-t-on le guano ?

On sème le guano à la volée, soit après le labour, soit sur les jeunes céréales, puis on le recouvre d'un coup de herse.

Qu'est-ce que l'engrais provenant du parc ?

Cet engrais provient des excréments que les moutons déposent sur le sol, où ils séjournent

---

(1) Il suffit de jeter sur ces matières un peu de plâtre ou de charbon en poudre pour enlever leur mauvaise odeur.

pendant quelque temps, surtout la nuit, enfermés dans une enceinte de palissades mobiles.

Le terrain parqué doit être immédiatement labouré. (a)

Qu'est-ce que le purin ? (1)

Le purin est un engrais liquide formé des urines des bestiaux. C'est un excellent engrais qu'on doit recueillir avec soin dans une fosse, lorsqu'il n'est pas absorbé par la litière.

Où emploie-t-on le purin ?

Le purin s'emploie pour arroser les tas de fumier et surtout les prairies au moyen d'un tonneau d'arrosage, après l'avoir étendu de 3 ou 4 fois son poids d'eau.

IV

Engrais mixtes

Qu'appelle-t-on engrais mixtes ?

On appelle engrais mixtes tous ceux qui sont formés d'un mélange de matières animales et végétales.

Les engrais mixtes se désignent ordinairement sous le nom de fumier.

FUMIER

Qu'est-ce que le fumier de ferme ?

Le fumier de ferme, ou simplement fumier, est un mélange de tous les excréments des animaux

---

(a) Hugot.
(1) Le purin s'appelle aussi jus de fumier, ou urine du bétail.

domestiques avec les pailles ou les autres matières semblables qui leur ont servi de litière (a).

Quelle est l'importance du fumier de ferme ?

Le fumier de ferme est l'engrais par excellence et la base indispensable de toute exploitation agricole; c'est le plus usité des engrais mixtes (a).

De quoi dépend la valeur du fumier de ferme ?

La valeur du fumier de ferme dépend, en général : 1º de la quantité et de la qualité des aliments et des litières ; 2º de la manière de soigner et de conserver le fumier lui-même.

Comment peut-on diviser les différentes espèces de fumier ?

Les différentes espèces de fumier peuvent se diviser en 4 classes principales : 1º le fumier des chevaux ; 2º le fumier des moutons ; 3º le fumier des bêtes à cornes ; 4º le fumier des porcs.

A quels terrains conviennent ces différentes espèces de fumier ?

Le fumier des chevaux est chaud et actif, il convient spécialement aux sols froids et argileux.

Le fumier des moutons est peut-être encore plus actif que celui des chevaux, et convient aux mêmes terrains.

Le fumier des bêtes à cornes convient aux terres sablonneuses et légères ; il est plus froid, moins énergique et plus durable que les précédents.

Le fumier des porcs a beaucoup d'analogie avec celui des bêtes à cornes, et convient également aux

(a) Dupuis.

terres légères, sèches, sablonneuses. Il convient de le mélanger avec le fumier du cheval.

Il est bon d'ajouter que les fumiers longs et chauds conviennent surtout aux terres argileuses et froides, et que les fumiers courts et frais conviennent aux terres légères et chaudes.

Doit-on laisser le fumier s'amonceler dans les étables ?

On peut laisser le fumier s'amonceler dans les bergeries, parce que l'engrais que donnent les bêtes à laine est d'une nature sèche et ne les expose pas à l'humidité; mais on doit souvent nettoyer les étables. Quant aux écuries, il est bon de les curer tous les jours (a).

Doit-on laisser longtemps les fumiers dans les champs sans les étendre et les enterrer ?

On ne doit porter les fumiers sur les terres à labour que lorsqu'il y a possibilité de les enterrer immédiatement. On les dépose en petits tas à d'égales distances, puis à l'aide d'une fourche, on les épand très régulièrement sur toute la surface du champ ; ensuite, on les enfouit par un labour profond (1).

Sur les prairies naturelles et artificielles, on peut répandre les fumiers à l'automne et pendant l'hiver.

CONSERVATION DU FUMIER

Quels sont les soins à donner aux fumiers ?

Il est nécessaire que la litière soit en proportion

(a) Barreau.

(1) L'odeur des fumiers provient surtout de l'ammoniaque qui s'en dégage.

des déjections des animaux ; que le fumier, enlevé fréquemment, soit accumulé en tas présentant la plus faible surface possible à l'air ; qu'il ne soit pas exposé à la sécheresse ; qu'il repose sur un terrain argileux, afin que le jus du fumier ne se perde pas dans le sol ; que ce jus soit reçu dans une fosse voisine et employé à arroser le fumier (1), que l'arrosage ait lieu toutes les fois que le fumier est en fermentation, afin d'éviter qu'il moisisse : que le tas soit recouvert d'une couche de terre pour empêcher les vapeurs de s'en échapper (2) (a).

V.

Composts

Qu'appelle-t-on composts ?

On appelle composts ou tombes des mélanges de terre, de fumier et de chaux, dans lesquels on fait entrer toutes sortes de substances, telles que balayures, épluchures de légumes, légumes gâtés, eaux grasses, mauvaises herbes, feuilles, etc., etc.

Quels sont les avantages des composts ?

Ce sont des engrais très économiques, et qui donnent de bons résultats quand ils ont bien fermenté (b).

(1) Le fumier doit être bien tassé et arrosé une fois par semaine.

(2) Le liquide excédant l'arrosage doit être appliqué à la fumure des prairies.

(a) Desbeaux.

(b) Dupuis.

Quelle est l'utilité des boues des rues ?

Ces fumiers se rapprochent des composts puisqu'ils sont composés d'une foule de substances diverses. Ils constituent un excellent engrais chaud, spécialement propre à féconder les prairies, mais qui est aussi très bon pour toutes les récoltes. Avant de l'employer, il faut le disposer en tas et lui faire subir une fermentation préalable.

Comment s'y prend-on pour former une tombe ?

Pour former une tombe, on commence par rassembler la quantité de terre nécessaire, à laquelle on ajoute des boues de chemins, des marcs de pommes, des vases de fossés, etc., avec du fumier et de la chaux.

Si ces éléments sont insuffisants, on laboure, dans une partie de l'herbage qu'on veut engraisser, une étendue de terrain assez grande pour fournir le volume de terre dont on a besoin. Ce défrichement porte le nom de chancière, et s'opère dans la partie la plus élevée de la pièce, dans l'endroit le plus ombragé et que fréquentent de préférences les bestiaux (1).

Comment s'opère le mélange de la terre et du fumier ?

Le meilleur procédé consiste à répandre sur la chancière, du fumier consommé, et on commence à opérer le mélange au moyen de plusieurs labours successifs.

____

(1) Il est bon de faire ramasser les bouses de vaches, qui nuisent à la croissance de l'herbe, et de les faires porter dans les tombes.

Lorsque la terre est suffisamment meuble, on l'amasse sur une hauteur de 0 m. 60 à 1 mètre, et on donne à cet amas de terre le nom de tombe.

Au bout de quelques mois, on recoupe la tombe, c'est-à-dire qu'on la démolit pour la reformer de nouveau en mélangeant ses diverses parties. Cette opération se renouvelle quatre ou cinq fois jusqu'à ce que la tombe soit apprêtée ; puis on la porte et on la répand sur l'herbe (1).

VI.

Engrais artificiels ou chimiques

A quels engrais les cultivateurs ont-ils recours pour compléter les engrais de ferme ?

Aux engrais chimiques ou artificiels.

Qu'appelle-t-on engrais chimiques ?

On appelle engrais chimiques des composés minéraux dont les éléments principaux sont : l'azote, l'acide phosphorique et la potasse (2).

Quels sont les principaux engrais minéraux ?

Les principaux engrais minéraux employés dans l'agriculture sont :

1° Le sulfate d'ammoniaque ;

2° Le nitrate de potasse ;

3° Le nitrate de soude ;

4° Le phosphate de chaux.

(1) En général, on met 1 hectolitre 1/2 de chaux pour 10 m. cubes de terre.

Dans les communes du littoral, on peut remplacer la chaux par de la tangue ou sable de mer.

(2) L'azote fait partie des produits d'origine animale ou végétale.

Parlez de ces divers engrais minéraux ?

Le sulfate d'ammoniaque est le plus riche des engrais azotés ; composé d'acide sulfurique et d'ammoniaque, il est très répandu et convient surtout aux céréales ; c'est un engrais énergique.

Le nitrate de potasse, ou salpêtre, est formé d'acide nitrique et de potasse ; il convient dans les terrains calcaires ; c'est un engrais énergique, mais coûteux ; aussi, s'emploie-t-il rarement.

Le nitrate de soude est formé d'acide nitrique et de soude. Il convient de l'employer de préférence sur les plantes à racines pivotantes comme la betterave, par exemple.

Le phosphate de chaux est formé d'acide phosphorique et de chaux. Il ne doit être employé comme engrais qu'après avoir été lavé et convenablement pulvérisé.

Y a-t-il nécessité d'employer les engrais chimiques ?

Le fumier de ferme est assurément l'engrais par excellence ; mais sa production étant souvent insuffisante, il faut bien avoir recours aux engrais chimiques.

Puis il importe de faire comprendre aux cultivateurs que le fumier de ferme ne restitue à la terre qu'une partie des éléments enlevés par les récoltes. Voilà pourquoi encore il est nécessaire de recourir aux engrais industriels pour accroître la fertilité du sol et remplacer les matériaux que les récoltes lui ont enlevés (1).

(1) Les produits chimiques doivent être considérés comme des engrais auxiliaires.

A quoi peuvent encore servir les engrais chimiques ?

Les engrais chimiques peuvent encore servir à déterminer quel est l'agent de fertilité qui manque particulièrement au sol, et par conséquent celui qu'il a intérêt à lui fournir.

Indiquez comment reconnaître l'engrais qui convient à telle ou telle plante ?

Pour cela, il suffit de diviser un champ d'expériences en plusieurs parcelles sur lesquelles on essayera, outre l'engrais complet, c'est-à-dire outre le mélange d'azotate de soude, de sel de potasse, de plâtre et de phosphate de chaux, un engrais auquel manquera un des éléments précédents.

Par exemple, si la parcelle n° 1 reçoit l'engrais complet, la parcelle n° 2 aura un engrais sans azote, la parcelle n° 3 recevra l'engrais sans phosphate, la parcelle n° 4 l'engrais sans chaux, le n° 5 l'engrais sans potasse. On reconnaîtra ainsi dans le sol la matière qui fait particulièrement défaut, et celle, par conséquent, qu'il y a intérêt à lui donner (1).

Comment faut-il employer les engrais chimiques ?

Il faut d'abord les répandre avec le plus d'uniformité possible, immédiatement après le dernier labour, comme s'il s'agissait d'un semis à la volée. Après l'épandage, on herse pour les mêler à la couche superficielle du sol.

Pour les prairies, on peut répandre les engrais chimiques en une seule fois à l'automne, ou en

(1) G. Ville.

deux fois, moitié à l'automne et moitié après la première coupe.

Quand convient-il d'employer les engrais chimiques ?

Un temps brumeux et calme est le plus convenable. Quand on opère à la main, pour rendre l'épandage plus uniforme, il est avantageux de mêler l'engrais avec son volume de sable (1).

(1) Un épandage bien fait suffit pour élever le rendement de 2 à 3 hectolitres par hectare.

CHAPITRE X.

ASSOLEMENTS

I.

Assolements

Qu'appelle-t on assolements ?

On appelle assolements la division des terres d'une ferme en plusieurs parties ou soles destinées chacune à une culture particulière.

La durée des assolements varie-t-elle?

Oui : on distingue l'assolement biennal ou de 2 ans ; l'assolement triennal, de 3 ans et l'assolement quadriennal, de 4 ans ; l'assolement quinquennal, de 5 ans (1).

Quels sont les deux modes d'assolement les plus usités ?

Les deux modes d'assolement les plus usités sont : l'assolement triennal et l'assolement alterne.

(1) L'assolement biennal signifie que la même culture revient au bout de deux ans, etc...

Qu'entend-on par assolement alterne ?

L'assolement alterne est celui dans lequel les plantes améliorantes succèdent alternativement aux plantes épuisantes.

Dans un assolement, il ne faut jamais faire succéder une plante épuisante à une plante qui a déjà appauvri le sol. Toute récolte épuisante doit être suivie d'une récolte améliorante.

Qu'entend-on par plantes améliorantes ?

Les plantes améliorantes ou fertilisantes sont celles qui rendent plus au sol qu'elles ne lui empruntent, comme les plantes fourragères, les légumineuses (1).

Qu'entend-on par plantes épuisantes ?

Les plantes épuisantes sont celles qui prennent plus au sol qu'elles ne lui rendent, comme les céréales, le colza, le lin et le chanvre.

Comment peut-on rendre au sol sa fertilité ?

Le moyen le plus simple est l'emploi de la jachère.

Qu'appelle-t-on jachère ?

On appelle jachère le repos que l'on donne à la terre en la laissant improductive pendant un an. On la cultive seulement pour détruire les mauvaises herbes et mettre le terrain en façon (a).

Dans quel cas doit-on laisser une terre en jachère ?

Dans le cas où la terre est peu fertile et lorsqu'on manque d'engrais (a).

Aujourd'hui, on laisse peu de terre en jachères.

---

(1) Les plantes enfouies en vert sont seules réellement améliorantes.

(a) Desbeaux.

Les mêmes plantes ne doivent donc pas être cultivées sans interruption sur le même terrain ?

Non : on aurait beau labourer, fumer et sarcler convenablement qu'il ne faudrait pas encore, après cela, compter sur de belles récoltes, si l'on commettait l'imprudence de ramener trop souvent les mêmes plantes sur le même terrain.

Que doit-on surtout chercher dans un assolement ?

Dans tout assolement, il faut surtout chercher à obtenir le plus de fourrage possible, afin de nourrir beaucoup de bestiaux qui donnent beaucoup de fumier, avec lequel on pourra avoir d'abondantes récoltes.

Qu'est-ce que la rotation ?

La rotation est l'espace de temps qui s'écoule avant qu'une plante revienne sur le même champ. (a) ainsi, une rotation est de 3, 4 ou 5 ans, selon que les mêmes plantes reviennent au même endroit tous les 3, 4 ou 5 ans.

Indiquer par un exemple, la différence entre l'assolement et la rotation ?

Je suppose que le rectangle suivant contienne 100 hectares :

Blé.	Avoine.	Trèfle	Pommes de terre.

Je le partage en 4 parties qu'on appelle soles (sans y comprendre les prairies naturelles dépen-

(a) Dupuis.

dant de la ferme).Si la nature des terres le permet, je pourrai avoir : blé, avoine, trèfle, pommes de terre, qui seront distribuées ainsi que l'indique le tableau ci-dessus, ce qui formera l'assolement de la première année.

Mais, comme il ne convient pas que les mêmes plantes se succèdent sur le même sol deux ou plusieurs fois de suite, la distribution sur les quatre soles en devra être changée pour la deuxième, ainsi que pour la troisième et la quatrième année, de la manière suivante :

ASSOLEMENT

1re année	Blé.	Avoine.	Trèfle	Pommes de terre
2e —	Trèfle.	Pommes de terre	Avoine	Blé
3e —	Avoine.	Blé.	Pommes de terre	Trèfle
4e —	Pommes de terre	Trèfle	Blé	Avoine

ROTATION DE 4 ANS

Le tableau précédent indique que chaque sole reçoit, pendant les 4 ans successivent les 4 espèces de plantes et, la 5e année, tout revient dans l'état de la 1re : c'est ce qu'on appelle rotation. (1)

(1) Eléments d'agriculture, per Bentz.

Peut-on, d'une manière absolue, prescrire telle ou telle rotation ?

On ne peut guère prescrire telle ou telle rotation comme la meilleure. La rotation doit être modifiée selon la nature du sol et du climat. Elle peut être différente selon que la terre est légère ou forte, sablonneuse ou argileuse. La rotation peut donc se modifier selon les circonstances, mais elle doit toujours avoir pour caractère distinctif de permettre la culture des plantes fourragères artificielles et des plantes-racines.

II

Semailles et Ensemencements

En quoi consiste les semailles ?

Les semailles consistent à répandre les graines sur un sol convenablement préparé et à les enterrer à une certaine profondeur (a).

Le choix des graines pour les semailles a-t-il de l'importance ?

Après la préparation du sol pour l'ensemencement, la bonne qualité de la semence est la chose la plus essentielle. Il importe donc de bien choisir les semences, de ne se servir que de semences provenant d'une plante vigoureuse, récoltée à une maturité complète et conservée sainement. En général, les semences nouvelles sont préférables aux vieilles.

(a) Pavette.

Qu'y a-t-il encore à observer pour le choix des semences ?

Dans la culture des céréales et aussi dans celle des plantes sarclées, il faut renouveler les semences au bout d'un certain temps, sous peine d'arriver à une diminution dans le rendement.

On a reconnu que les blés qui croissent sur les coteaux un peu élevés, dans les terres de fertilité moyenne, sont les meilleurs pour semence.

Quelles précautions faut-il prendre pour préserver les semences des maladies auxquelles elles sont exposées ? (1)

Pour préserver les semences des maladies auxquelles elles sont exposées, il est nécessaire de les chauler.

Qu'est-ce que le chaulage ?

Le chaulage est une opération qui consiste à tremper les grains dans un lait de chaux fait avec de l'eau et de la chaux vive, à la dose de 4 kilogrammes de chaux et de 8 à 10 litres d'eau pour 1 hectolitre de blé. On chaule ordinairement les grains immédiatement avant de les semer et on a soin de remuer le blé avec une pelle, de manière à bien opérer le mélange.

A quelle profondeur la semence doit-elle être enterrée ?

Cette profondeur varie suivant la nature et la grosseur des grains ; elle dépend aussi du sol. Ainsi, plus une graine est grosse, plus la couche de terre qui la recouvre doit-être épaisse et, plus le sol est argileux, moins les graines doivent être

______

(1) Ces maladies sont : la carie, le charbon, la rouille.

enterrées profondément ; c'est le contraire dans les terrains sablonneux.

Que faut-il observer relativement à l'époque des semailles ?

L'époque des semailles dépend de la nature des grains, de la température et de la préparation du sol.

Les semailles faites de bonne heure sont souvent les meilleures. Ce sont généralement les blés semés les premiers qui donnent les meilleurs rendements en grain et en paille.

Les sols argileux doivent être ensemencés avant les sols sablonneux et calcaires. Les ensemencements faits de bonne heure exigent moins de grains ; il en faut moins aussi dans les sols riches que dans les sols pauvres. (1) (*a*)

Les blés trop drus sont sujets à la verse.

Combien y a-t-il de manières de semer ?

On sème de deux manières : à la volée et au semoir.

L'ensemencement à la main ou à la volée est le plus employé : il consiste à répandre la graine aussi également que possible sur toute la surface du champ, ce qui exige une asssez grande habileté (2). Cet ensemencement ne peut se pratiquer que par un temps calme.

L'ensemencement au moyen du semoir peut avoir lieu en tout temps. (*Voir page 63*).

---

(1) Les semences doivent être répandues sur des labours faits récemment et enterrées à la herse.

(2) Blé bien semé est à demi récolté, dit un proverbe.

(*a*) Desbeaux.

III

Récoltes

Qu'appelle-t-on récoltes ?

On désigne sous le nom de récoltes les opérations qui ont pour objet de séparer les plantes du sol, et de les mettre en état d'être conservées (a).

Le temps propice pour rentrer les récoltes est souvent de courte durée; il faut donc bien le saisir et le mettre à profit; c'est alors qu'il faut des bras et de l'activité. C'est surtout à l'époque des récoltes que ce serait une faute grave de remettre au lendemain ce qu'on peut faire le jour même.

Quelles sont les principales récoltes agricoles ?

Les principales récoltes agricoles sont : la moisson ou récolte des céréales, la fenaison ou récolte des fourrages, et l'arrachage des racines et des tubercules.

IV

Moisson

Qu'est-ce que la moisson ?

On donne le nom de moisson à la récolte des céréales.

Quand se fait la moisson ?

La moisson se fait un peu avant la complète maturité du grain, c'est-à-dire en juillet et en

(a) Saucerotte.

août. On laisse mûrir complètement les épis que l'on réserve pour la semence.

De quels instruments se sert-on pour moissonner ?

Pour moissonner, on se sert de la faucille, de la sape ou de la faux.

La faux, plus expéditive que la faucille et la sape, est aujourd'hui généralement employée dans la petite culture.

Dans les grandes exploitations, on se sert de la moissonneuse (*Voir page 64*).

Que fait-on des céréales quand elles sont coupées ?

Après avoir été coupées, les céréales sont étendues en javelles sur le sol, où elles ne doivent pas rester longtemps.

Lorsque le temps est pluvieux, il est préférable de les réunir en moyettes avant de les mettre en gerbes et de les engranger ou de les mettre en meules lorsque les granges sont pleines. On recouvre les meules d'une toiture en paille, pour que l'eau de pluie ne pénètre pas dans l'intérieur.

Que fait-on des céréales quand elles sont récoltées ?

Quand les céréales sont récoltées, on sépare le grain de la paille au moyen du battage.

Le battage se fait généralement, à la grange, à l'aide du fléau; mais, dans les grandes exploitations, on emploie la machine à battre. (*Voir page 65*).

Comment s'opère le nettoiement du grain ?

Pour nettoyer le grain, on se sert du crible appelé van, ou du tarare, machine qui réunit l'action du van à celle du crible. (*V. page 65*).

Comment se conservent les grains ?

Les grains demandent à être conservés à l'abri de l'humidité, dans des greniers où l'air circule librement. Ils doivent être étendus en couches peu épaisses, que l'on remue de temps à autre avec une pelle, afin de prévenir toute fermentation (a).

V.

Arrachage des plantes

Comment se fait l'arrachage des plantes ?

L'arrachage des racines et des tubercules ne présente aucune difficulté. Quand les plantes sont en lignes, il s'effectue avec un buttoir ou une charrue sans versoir. Dans le cas contraire, on se sert d'une fourche ou d'une houe.

VI

Maladies des plantes

Quelles sont les principales maladies des plantes ?

Les maladies les plus communes des plantes sont : la rouille, poussière rougeâtre qui recouvre les plantes et les fait dépérir ; la carie, le charbon ou nielle, qui changent le grain en une poussière noirâtre, et l'ergot, sorte d'excroissance dure comme de la corne.

Ces maladies naissent de la mauvaise qualité

(a) Saucerotte.

des semences ou des conditions défavorables de la température. (*a*)

VII

Animaux et insectes nuisibles aux plantes

Indiquer les animaux nuisibles aux plantes?

Les animaux les plus nuisibles aux plantes sont : les souris et les mulots, les pucerons et les puces de terre ou altises, les chenilles, les limaces, le ver blanc du hanneton et les courtilières ; et, dans les tas de grains, divers insectes qui les dévorent, tels que : les charançons, les alucites, les fausses-teignes, etc.

Il faut tuer leurs œufs, détruire leurs nids, enfumer ou inonder leurs terriers et leur tendre des pièges (*b*).

VIII

Oiseaux protecteurs des récoltes

Est-il utile de conserver les oiseaux ?

Oui, il est utile de conserver les oiseaux ; car ils sont les protecteurs de nos récoltes. Il est vrai que certains oiseaux dérobent des grains ; mais combien en existe-t-il qui ne se nourrissent absolument que d'insectes.

Chaque année, les insectes nuisibles font éprouver à l'agriculture plusieurs millions de perte. Le

(*a*) Saucerotte.
(*b*) Saucerotte.

martinet et l'hirondelle, par exemple, détruisent par jour de 5 à 600 insectes. Une mésange détruit plus de 200 mille larves par an. Un pinson ou un rouge-gorge consomme plus de 400 insectes par jour ; il en est de même des grives, des merles, des bergeronnettes, des roitelets, des loriots, des étourneaux, et de tant d'autres.

Le chardonneret se nourrit des graines de chardon, qu'il empêche par conséquent de se propager. Le coucou avale les chenilles les plus velues. L'alouette, la caille et la perdrix mangent les vers de terre. Le corbeau engloutit une quantité consi- dérable de vers blancs. Le moineau dévore les vers blancs, les hannetons, les pucerons, etc., et sa couvée a besoin de 400 insectes par jour.

Cette nomenclature me paraît suffisante pour donner une idée des services que les oiseaux rendent à l'agriculture. (1)

Quel est le rôle des instituteurs par rapport à la conservation des oiseaux?

Les instituteurs doivent faire connaître aux enfants l'intérêt pour l'agriculture de respecter les oiseaux, et ils leur interdiront de dénicher les nids.

IX

Fenaison

En quoi consiste la fenaison, et combien comprend-elle d'opérations ?

La fenaison consiste à couper l'herbe et à la

____

(1) Les hiboux et les hérissons, qui se nourrissent de vers blancs et de mulots, sont aussi d'utiles auxiliaires de l'agriculture.

faire sécher pour la convertir en foin. Elle comprend deux opérations : le fauchage et le fanage. (*a*)

Quand doit-on faucher l'herbe des prairies naturelles ?

Pour faucher l'herbe des prairies naturelles, il faut choisir le moment où la majeure partie des plantes qui la composent est en fleurs, parce que c'est le moment où ces plantes renferment le plus de principes nutritifs. Avant la floraison, elles sont aqueuses et produisent moins de foin ; après la floraison, elles durcissent trop. (*b*)

Comment se fait le fauchage ?

Le fauchage se fait le plus ordinairement à la faux ; dans les grandes fermes, il se fait souvent maintenant à l'aide d'une machine appelée faucheuse. (*Voir page 65*).

Comment se fait le fanage ?

Le fanage se fait à la main au moyen d'une fourche avec laquelle on retourne et on éparpille l'herbe, qui a été coupée et disposée en lignes continues et parallèles, appelées andains.

Cette opération s'exécute plus rapidement avec la faneuse mécanique. (*Voir page 65.*)

Comment s'y prend-on pour convertir en foin l'herbe des prairies naturelles ?

Lorsque le temps est incertain, on laisse les andains sans les ouvrir.

Quand le temps est beau, l'herbe est retournée deux ou trois fois par jour, et, le soir, on la réunit en petits tas.

(*a*) Payette.
(*b*) Bussard.

Le lendemain, on l'étend de nouveau, et on la retourne jusqu'à ce qu'elle soit bien sèche.

Qand le foin est fait, on en forme de gros tas qu'on appelle meules ou meulons, que l'on presse à mesure qu'on les forme. Il se produit dans la masse une fermentation active.

Au bout de quelques jours, le foin est bottelé sur la prairie et rentré dans les greniers.

Comment se fait la récolte des prairies artificielles ?

La récolte des prairies artificielles se fait comme celle du foin des prés, en évitant de laisser passer la floraison. Puis il faut faner avec précaution, afin de ne pas détacher les feuilles, qui sont la partie la plus nourrissante des plantes. Ainsi, on se contente de retourner les andains au lieu de les éparpiller. (a)

Qu'appelle-t-on regain ; indiquer le moyen d'en tirer un bon parti ?

On appelle regain la dernière coupe des prairies ; elle se fait en septembre. Souvent les derniers regains ne peuvent être fauchés qu'à une époque où le soleil ne donne plus assez de chaleur pour les sécher. Dans ce cas on les étend sous un hangar par lits alternatifs avec de la paille de froment, d'orge ou d'avoine. Quand ce mélange est sufisamment sec, on le coupe au hache-paille pour le distribuer au bétail pendant l'hiver.

Il y a là un excellent moyen de tirer parti des derniers regains, qu'il serait difficile de faner et de faire sécher complètement de toute autre manière.

(a) Pavette.

TROISIÈME PARTIE

Plantes Agricoles

CHAPITRE XI

I

Qu'appelle-t-on plante ou végétal ?

On appelle plante ou végétal, un être qui naît, croît et se reproduit continuellement, sans jouir de la faculté de se mouvoir.

Cet être organisé se compose essentiellement d'oxygène et d'hydrogène, surtout de carbone et rarement d'azote.

Où la plante prend-elle les éléments de sa nutrition ?

La plante prend dans l'air du carbone et de l'oxygène ; elle prend de l'hydrogène dans l'eau ; elle puise dans le sol l'azote et diverses matières minérales.

Qu'est-ce que l'air ?

L'air est le fluide au milieu duquel nous vivons. Il forme autour de la terre une couche d'environ 60 kilomètres de hauteur et qu'on appelle atmosphère. (1) Il est indispensable à la vie des animaux et des plantes.

Indiquez la composition de l'air ?

L'air se compose de deux gaz principaux : l'oxygène, et l'azote. Sur 100 litres d'air, il y en a environ 20 d'oxygène et 80 d'azote. Il contient, en outre, de la vapeur d'eau et de l'acide carbonique.

Quelles sont les qualités de l'air ?

L'air est sans saveur, sans odeur, incolore, transparent, pesant (2). Il est compressible et élastique, c'est-à-dire qu'il diminue de volume quand il est soumis à une pression et qu'il reprend son volume lorsque la pression cesse.

Qu'est-ce que l'oxygène ?

L'oxygène est un gaz sans couleur ni odeur ; il fait brûler avec avidité les corps qu'on y plonge ; c'est aussi la seule partie de l'air atmosphérique qui serve à la respiration ; mais il donnerait la mort s'il était en trop grande quantité dans l'air.

Qu'est-ce que l'azote ?

L'azote, au contraire de l'oxygène, est nuisible à la vie des animaux et des plantes ; il n'entretient ni la combustion ni la respiration : son rôle est de tempérer l'énergie de l'oxygène.

---

(1) L'atmosphère est la masse gazeuze qui enveloppe la terre.

(2) 1 litre d'air pèse 1 gr. 3 décigrammes.

Qu'est-ce que le carbone ?

Le carbone est un corps noir, sans saveur, sans odeur, très abondant dans la nature ; il n'est autre chose que du charbon à l'état de pureté absolue.

Qu'est-ce que l'acide carbonique ?

L'acide carbonique est un corps formé par la combinaison de l'oxygène et du carbone. Il ne peut entretenir la respiration, et il cause la mort quand il est trop abondant dans l'air.

Indiquez la composition et les qualités de l'eau ?

L'eau est un mélange d'oxygène et d'hydrogène. Elle est transparente, sans couleur, sans odeur et sans saveur ; souvent, elle contient un plus ou moins grand nombre de substances, selon son origine.

Qu'est-ce que l'hydrogène ?

L'hydrogène est un gaz sans couleur ; il peut brûler ; mais, lorsqu'il est seul, il n'entretient ni la combustion, ni la respiration : c'est le plus léger de tous les gaz.

Qu'est-ce que l'ammoniac ?

L'ammoniac est un gaz incolore, d'une odeur vive et piquante, composé d'azote et d'hydrogène. Il se dégage des fumiers, des débris de végétaux et d'animaux, de l'urine. Il est très soluble dans l'eau. La dissolution de gaz ammoniaque dans l'eau s'appelle ammoniaque ou alcali volatil. Il sert à cautériser les piqûres des animaux venimeux, de la vipère, des guêpes, des frelons, etc. On l'emploie aussi pour combattre la météorisation des animaux.

II

ORGANES DES PLANTES

Qu'est-ce que les organes des plantes ?

Les organes des plantes sont les instruments à l'aide desquels s'exécutent les fonctions qui entretiennent leur vie et concourent à leur reproduction.

Combien y a-t-il de sortes d'organes ?

Il y a deux sortes d'organes : 1° les organes de nutrition, c'est-à-dire ceux qui procurent à la plante la nourriture dont elle a besoin ; 2° les organes de reproduction, c'est-à-dire ceux qui permettent à la plante de reproduire d'autres végétaux de son espèce.

Quels sont les organes de la nutrition ?

Les organes de la nutrition sont : les racines, la tige, les feuilles.

Qu'appelle-t-on racines et quelles sont leurs fonctions ?

On appelle racines les diverses parties de la plante qui tendent toujours à s'enfoncer dans la terre.

Elles servent à fixer le végétal au sol, dans lequel elles puisent les substances nécessaires à la nourriture de la plante.

Comment divise-t-on les plantes par rapport à leur durée ?

Par rapport à leur durée, on distingue les plantes en annuelles, bisannuelles et vivaces.

*Qu'appelle-t-on plantes annuelles, bisan-
nuelles et vivaces ?*

Les plantes annuelles ne subsistent qu'un an ;
exemple : le blé.

Les plantes bisannuelles subsistent deux ans ;
exemple : la carotte.

Les plantes vivaces subsistent un nombre indéterminé d'années ; exemple : la luzerne.

Qu'est-ce que la tige ? (1)

La tige est la partie de la plante qui pousse en
sens inverse des racines et qui tend à s'élever
verticalement.

A quoi sert la tige ?

La tige sert à porter les feuilles et les fleurs ;
elle sert aussi à la circulation de la sève.

La séparation entre la tige et la racine s'appelle
collet.

Qu'est-ce que les feuilles ?

Les feuilles sont les organes qui naissent sur la
tige et les rameaux des plantes par suite du développement des bourgeons.

Quelles sont les fonctions des feuilles ?

Les fonctions des feuilles consistent : 1° à absorber les gaz contenus dans l'air, et qui doivent
servir à la nutrition de la plante : 2° à rejeter les
gaz inutiles. (2)

(1) On nomme tronc, la tige de l'arbre, et chaume la tige
du blé.

(2) Les feuilles jouent dans l'air le même rôle que les racines
dans le sol, c'est-à-dire que les plantes se nourrissent à la fois
par les feuilles et par les racines.

Qu'appelle-t-on sève ?

La sève est un liquide incolore que les racines puisent et absorbent dans le sein de la terre, les feuilles dans l'atmosphère, pour le faire servir à la nourriture du végétal. C'est un liquide qui est, dans les plantes, ce que le sang est dans les animaux.

Indiquez la marche de la sève ?

La sève entre dans la plante par les racines. A peine entrée, elle monte jusqu'au sommet du végétal, mais elle est encore liquide, aqueuse, impropre à la nutrition. C'est alors qu'elle pénètre dans les feuilles et qu'elle se met en communication avec l'air au moyen de mille petites ouvertures dont sont percées les feuilles (1). Il s'opère alors deux phénomènes qui sont : la transpiration et la respiration.

Qu'est-ce que la transpiration ?

La transpiration, c'est l'évaporation. La plante rejette, sous forme de vapeur, l'eau qu'elle contient en trop grande quantité.

Qu'est-ce que la respiration ?

La respiration de la plante consiste à absorber l'acide carbonique de l'air, à fixer le carbone dans ses tissus et à exhaler l'oxygène.

La sève reste-t-elle stationnaire ?

Lorsque la sève a été ainsi transformée et débarrassée des substances qui ne doivent pas alimenter le végétal, elle ne reste pas stationnaire ; elle redescend vers les racines et concourt essen-

---

(1) Ces ouvertures, qui servent à la respiration des plantes, s'appellent stomates.

tiellement à la vie et à l'accroissement du végétal. On la nomme alors sève descendante ou cambium.

Quels sont les organes de la reproduction ?

Les organes de la reproduction sont : les fleurs, les fruits, les graines.

Qu'appelle-t-on fleur ?

On appelle fleur l'assemblage des organes reproducteurs, qui sont les fruits et les graines.

A quoi servent les fleurs ?

Les fleurs servent à produire les graines de nouvelles plantes semblables.

Comment se reproduisent les plantes agricoles ?

Les plantes agricoles se reproduisent surtout par graines ; c'est ce qu'on appelle la germination.

Que faut-il pour que la germination puisse s'effectuer ?

Pour que la germination puisse s'effectuer, c'est-à-dire pour que la graine puisse se gonfler, rompre ses enveloppes et produire une jeune plante, le concours de l'eau, de la chaleur, de l'air, et de la lumière est indispensable.

Que faut-il faire pour obtenir de belles plantes ?

Pour obtenir de belles plantes, il faut choisir pour semences les graines les plus parfaites, les plus mûres et les mieux conservées ; il est toujours préférable d'employer des graines provenant de la récolte précédente.

CHAPITRE XII

DIVISION DES PLANTES AGRICOLES

Sommaire. — Céréales. — Blé. — Seigle. — Orge. — Avoine. —
Sarrasin.

Qu'appelle-t-on plantes agricoles ?

On appelle plantes agricoles les végétaux que l'on cultive généralement en agriculture.

Quelles sont les différentes sortes de plantes dont s'occupe l'agriculture ?

Ce sont : les céréales, les légumineuses, les plantes fourragères, les plantes sarclées, les plantes industrielles.

I

Céréales (1)

Qu'appelle-t-on céréales ?

On appelle céréales les plantes dont les grains, convertis en farine, servent à la nourriture de l'homme et à celle des animaux domestiques. (*a*)

(1) Les céréales sont ainsi nommées en l'honneur de Cérès, déesse de l'agriculture ou des moissons.

(*a*) Fosseyeux,

Quelles sont les principales céréales ?

Ce sont : le blé ou froment, le seigle, l'orge, l'avoine et le sarrasin.

II

Blé

Qu'est-ce que le blé ou froment ?

Le blé ou froment est la plus précieuse de toutes les céréales ; c'est le blé qui donne le meil leur pain. (1)

Indiquez les diverses variétés de blé ?

Il y a plusieurs variétés de blés, savoir : les blés barbus et les blés sans barbe ; les blés tendres et les blés durs : les blés blancs et les blés rouges. Ces diverses variétés se distinguent sous le nom de blés d'automne et de blés de printemps.

Qu'entend-on par blés d'automne et blés de printemps ?

Les blés d'automne sont ceux qui se sèment en automne, et les blés de printemps, ceux qui se sèment en mars. Ces derniers ne sont guère em_ployés que lorsque le blé d'automne n'a pas réussi. Les premiers sont préférables.

Quelle terre convient le mieux au blé ?

La terre qui convient le mieux au blé est une terre forte, franche, c'est-à-dire qui contient une assez grande quantité d'argile et de chaux ; elle doit être bien fumée et bien préparée. (2)

(1) L'enveloppe du grain donne le son, et la paille fournit la litière.

(2) Le blé se sème généralement en octobre dans les terres fortes et en novembre dans les terres légères. — Pavette.

A quelle culture doit succéder le blé ?

Le blé doit succéder, soit à une plante sarclée, soit à une plante fourragère et, particulièrement, à un trèfle rompu par un seul labour ; il réussit aussi après l'avoine et le sarrasin.

Quels soins faut-il donner au blé ?

Il faut arracher toutes les mauvaises herbes et détruire les chardons avec soin. Il ne faut jamais permettre au chardon d'arriver à maturité, car il salirait le terrain pour un temps indéterminé.

Quels sont les usages du froment ?

Le grain de froment donne la farine la plus nourrissante et la plus recherchée pour faire du pain, des gâteaux, de la pâtisserie. L'amidon qu'on en retire est employé dans les arts. Le son sert à nourrir les animaux domestiques.

La paille est employée dans l'industrie ; elle sert à la nourriture de bétail et à la confection des litières. *(a)*

III

Seigle

Qu'est-ce que le seigle ?

Le seigle est la céréale la plus importante après le blé.

Quel sol convient au seigle ?

Le seigle peut croître dans les terres où ne vient pas le blé ; il se contente d'un terrain médiocre, pourvu qu'il soit bien ameubli. Il préfère les terres légères.

(a) Dupuis.

A quelle maladie le seigle est-il sujet ?

Le seigle est sujet à une maladie appelée ergot. Le grain de seigle ergoté est allongé comme l'ergot d'un coq en on le distingue à sa couleur violette.

Le pain fait de seigle ergoté est dangereux pour la santé de l'homme. *(a)*

Quels sont les usages du seigle ?

Le grain de seigle donne un pain assez nourrissant, mais inférieur à celui du froment. (1)

Sa paille est employée pour faire des liens. Il sert, en vert, de fourrage et d'engrais.

IV

Orge

Qu'est-ce que l'orge ?

L'orge est une des céréales qui produisent le plus de grain ; elle mérite d'être classée après le seigle, en raison de son importance. *(a)*

Quel terrain convient à l'orge ?

L'orge réussit sur un terrain de moyenne consistance, ni trop frais, ni trop humide, bien ameubli et bien fumé. Elle convient pour abriter les graines des plantes fourragères destinées à former des prairies artificielles.

Quels sont les usages de l'orge ?

La farine de l'orge donne un pain lourd et difficile à digérer. Elle ne peut servir à faire du pain

(1) La farine de seigle mêlée à celle du froment, fait de bon pain.

(a) Fosseyeux.

que lorsqu'elle est mêlée avec celle du froment et du seigle. *(a)*

L'orge est employée pour nourrir et engraisser les bestiaux et les volailles ; elle fournit, en vert, un bon fourrage précoce; elle sert à la fabrication de la bière.

V

Avoine

Qu'est-ce que l'avoine ?

L'avoine est une céréale dont le grain est spécialement destiné aux chevaux ; elle donne un bon rendement.

Quel terrain convient à l'avoine ?

L'avoine s'accommode de tous les terrains, excepté de ceux qui sont trop secs ; il suffit qu'ils soient ameublis et amendés.

Y a-t-il plusieurs variétés d'avoine ?

Oui, il y a l'avoine commune ou de printemps, et l'avoine d'hiver, très productive.

A quel moment faut-il récolter l'avoine ?

L'avoine s'égrène facilement ; c'est pourquoi il faut la scier plus tôt que le blé et l'orge et la laisser complètement mûrir en moyettes ou en javelles.

Quels sont les usages de l'avoine ?

L'avoine sert principalement pour la nourriture des chevaux et des oiseaux de basse-cour. Sa paille est un bon fourrage pour les vaches et les moutons.

(a) Pavette.

VI

Sarrasin

Qu'est-ce que le sarrasin ?

Le sarrasin est une plante qui remplace le froment dans les pays pauvres, surtout dans l'ouest de la France.

Quel sol convient au sarrasin ?

Le sarrasin réussit dans les terres les plus maigres ; il préfère les terres légères, et a la propriété de ne laisser croître aucune herbe et de n'occuper le sol que peu de temps (1).

Quels sont les usages du sarrasin ?

Le sarrasin est souvent cultivé comme fourrage ou comme engrais vert. La farine est assez nutritive ; on en fait des bouillies et des galettes estimées.

Ses grains servent à engraisser les porcs et les volailles. La paille fournit une bonne litière et un fumier très fertilisant (2).

(1) Le sarrasin se sème au mois de mai et se récolte en automne.

(2) Le sarrasin de Sibérie, moins cultivé, est plus productif, mais se coupe plus vert, parce qu'il s'égrène plus facilement.

CHAPITRE XIII

PLANTES LÉGUMINEUSES

Sommaire. — Haricots. — Pois. — Fèves

I

Plantes légumineuses

Qu'appelle-t-on plantes légumineuses ?

On appelle plantes légumineuses celles dont les grains fournissent un aliment sain et nourrissant pour l'homme comme pour les bestiaux ; leur paille est un bon fourrage. Au point de vue de notre alimentation, ce sont les plus précieuses, après le blé ; mais elles ne servent pas à faire du pain, comme les céréales.

Quelles sont les principales plantes légumineuses ?

Ce sont : les haricots, les pois, les fèves.

II

Haricots

Parlez des haricots cultivés dans les champs ?

Les haricots nains sont ceux que l'on cultive dans les champs pour être vendus ou consommés comme légumes secs. Leur tige est peu élevée, et ils se soutiennent sans appui.

Quel terrain convient aux haricots ?

Les haricots viennent à peu près dans tous les terrains, pourvu qu'ils ne soient pas humides ; ils préfèrent cependant les terrains légers , bien ameublis et bien fumés (*a*).

Quand et comment se sèment les haricots ?

Les haricots sont sensibles aux gelées , c'est pourquoi il ne faut les semer que lorsqu'elles ne sont plus à craindre, c'est-à-dire en avril ou en mai. On les sème en lignes, en mettant 4 ou 5 grains à chaque pied, et on les enterre peu profondément. Quand ils sont sortis de terre, on les bine et on les butte.

Quand et comment récolte-t-on les haricots ?

On récolte les haricots quand ils sont mûrs, c'est-à-dire quand les cosses paraissent sèches, on les arrache à la main, et on les lie par petites bottes ou glanes. On les rentre et on les suspend dans un lieu sec et bien aéré jusqu'au moment du battage.

III

Pois

Quels avantages offrent les pois ?

Les pois offrent un grain nourrissant, un fourrage passable et un engrais vert assez estimé.

(*a*) Pavette.

Quelles terres préfèrent les pois ?

Comme les haricots, les pois aiment une terre légère : mais il faut qu'elle ait été fumée l'année précédente, parce que, dans une terre fraîchement fumée, ils poussent de longues tiges et donne peu de graines (*a*).

Quand et comment sème-t-on les pois ?

Les pois se sèment en mars ou en avril, presque toujours à la volée, et on les enterre à 0m08 environ.

Ceux qu'on veut enfouir ne se sèment que pendant l'été, de manière à ce qu'au moment des semailles d'automne leurs tiges soient assez développées pour engraisser le terrain.

Quand et comment récolte-t-on les pois ?

Quand on cultive les pois pour le grain, on attend qu'ils soient mûrs ; on les fauche quand ils sont secs.

Les pois se mangent souvent verts, écossés. C'est un bon mets quand ils sont bien assaisonnés.

Quand on cultive les pois pour le fourrage, on les coupe en pleine fleur ; ils restent quelque temps sur la terre. On les retourne plusieurs fois et on ne les rentre que quand les tiges sont suffisamment desséchées. (*b*)

(*a*) Fosseyeux.
(*b*) Pavette.

IV

Fèves

Qu'appelle-t-on fèves ?

On appelle fèves des légumineuses qui donnent une farine saine et substantielle propre à l'alimentation de l'homme et des bestiaux.

Quel est le terrain qui convient aux fèves ?

Les fèves aiment les terres fortes et compactes, un peu humides et préparées par un labour profond.

Comment et quand sème-t-on les fèves ?

On sème les fèves, comme les haricots, en lignes mais un peu plus espacées et un peu plus tôt, en mars ou en avril, et on les enterre à la charrue. On les sème aussi à la volée. On sème souvent les fèves en mélange avec des pois, de la vesce, de l'orge ou de l'avoine et on les coupe pour fourrage vert au moment de la fleur.

Quels soins exigent les fèves et comment les récolte-t-on ?

Quand les fèves sont levées, on les bine et on les butte. On les récolte avant que les tiges soient entièrement sèches, afin que la paille puisse être employée comme fourrage.

Il faut avoir soin de ne les rentrer que quand elles sont sèches.

A quoi servent les fèves ?

Les fèves sont une excellente nourriture pour les bœufs, les moutons et les cochons : les chevaux les mangent au lieu d'avoine. On les donne au bétail, détrempées dans de l'eau ou concassées. (*a*)

(*a*) Lagrue.

PLANTES SARCLÉES

I

Plantes sarclées

Qu'appelle-t-on plantes sarclées ?

On appelle plantes sarclées celles qui sont généralement cultivées en lignes, ce qui permet de leur donner le sarclage dont elles ont besoin.

On les appelle aussi plantes racines, parce que les racines sont employées pour l'alimentation de l'homme et des animaux.

Quelles sont les principales plantes sarclées ?

Ce sont : la pomme de terre, la betterave, la carotte, le navet.

II

Pommes de terre

Qu'est-ce que la pomme de terre ?

Après les céréales, la pomme de terre est la plus utile de toutes les plantes. Elle sert à la nourriture de l'homme et des animaux. (1)

(1) C'est Parmentier qui a introduit ce précieux tubercule en France et qui en a propagé la culture ; aussi doit-on le regarder comme un bienfaiteur de l'humanité.

Y a-t-il plusieurs variétés de pommes de terre ?

Oui il y a plusieurs variétés de pommes de terre ; les unes sont précoces et murissent en été ; les autres sont tardives et mûrissent en automne.

Quel est le sol qui convient à la pomme de terre ?

La pomme de terre vient à peu près dans tous les terrains, pourvu qu'ils soient bien labourés et fumés, et qu'ils ne soient pas trop compactes ni humides.

C'est dans les terrains légers et sablonneux qu'elle réussit le mieux.

Comment se reproduit la pomme de terre ?

La pomme de terre se reproduit ordinairement par les tubercules. On choisit les plus sains et ceux qui sont de moyenne grosseur. On les plante à la charrue, en lignes, à 0^m 10 de profondeur et à 0^m 40 de distance en tous sens. Les tubercules ne doivent pas être mis en contact immédiat avec le fumier ; celui-ci doit être enfoui par un labour profond à l'entrée de l'hiver.

Quels soins exigent la culture et la récolte des pommes de terre ?

Lorsque les pommes de terre sont bien levées, on donne un binage pour ameublir la terre ; puis on les butte quand les tiges sont un peu hautes.

Quand les fanes des pommes de terre jaunissent et tombent sur le sol, on les arrache et on les rentre aussi propres et aussi sèches que possible.

On les conserve à la cave ou dans un endroit sec, à l'abri des gelées (1).

(1) Depuis plusieurs années la pomme de terre est sujette à une maladie qu'on prévient en partie en renouvelant la semence,

III

Betterave

Qu'est-ce que la betterave ?

La betterave est une plante à racine grosse et charnue qui fournit une excellente nourriture pour les vaches. Elle augmente la production du lait sans altérer sa qualité (1).

Les feuilles de betteraves sont aussi employées pour la nourriture des bestiaux (2).

Quel est le sol qui convient à la betterave ?

La betterave veut un sol profond, ni trop humide, ni trop sec, bien fumé et ameubli par plusieurs labours.

Quand et comment se sème la betterave ?

La betterave se sème en avril. On la sème à la main ou au semoir, mais toujours en ligne.

Quels soins exigent la culture et la récolte de la betterave ?

Lorsque les betteraves sont levées, s'il y a trop de plant, on donne un coup de herse pour en détruire une partie et favoriser la végétation de l'autre ; puis on leur donne plusieurs binages ; au premier, on les éclaircit de nouveau, s'il y a lieu, et on repique du plant dans les espaces vides (a).

en choisissant des tubercules sains et complètement mûrs, et en assainissant par le drainage le terrain où on les cultive.

(1) La betterave est une plante très épuisante.

(2) Dans le nord de la France, la betterave se cultive pour la fabrication du sucre.

(a) Desbeaux.

On arrache les betteraves à la charrue, en octobre, par un temps sec et on les conserve à la cave ou dans un endroit sec. On les coupe par morceaux pour les donner aux bestiaux.

IV

Carottes

Qu'est-ce que la carotte ?

La carotte est aussi une plante à racine grosse et charnue. C'est un de nos meilleurs légumes-racines et une des plus précieuses racines four-ragères.

Elle est un excellent aliment pour les vaches; elle peut même remplacer une partie de la ration d'avoine pour les chevaux.

Quel est le sol qui convient à la carotte ?

La carotte préfère les terres légères, sablon-neuses et fraîches. Il faut que le terrain soit ameubli par plusieurs labours profonds, et sur-tout largement fumé (1).

Quand et comment se sème la carotte ?

La carotte se sème au mois d'avril. On la sème à la volée ou mieux en lignes pour la facilité des sarclages.

Quels soins exigent la culture et la récolte des carottes ?

Dès que les carottes sont bien levées, il faut les sarcler; plus tard on les éclaircit comme pour la betterave.

(1) Le terrain ne doit pas être fraîchement fumé, car les carottes fourcheraient.

Au mois d'octobre, on arrache par un temps sec, à la charrue ou avec une fourche à 3 dents, les carottes qu'on dépose à la cave comme les pommes de terre et les betteraves.

V

Navet

A quoi sert le navet ?

Le navet, comme la carotte, sert à l'alimentation de l'homme et des bestiaux, mais il a moins d'importance comme racine fourragère. Il vient où la betterave et la carotte végètent mal.

Quel sol convient aux navets ? (1)

Les navets aiment un sol frais, léger, fumé et façonné au printemps (*a*).

Quand et comment doit-on semer les navets?

Les navets se sèment en mai ou en juin en lignes ou à la volée; on recouvre légèrement la graine.

Quels soins exigent la culture et la récolte des navets ?

Quand les navets sont levés on les bine et on les éclaircit.

Au mois d'octobre on les arrache; on met les feuilles de côté pour les bestiaux, et les racines sont placées en lieu sec pour être consommées l'hiver.

(1) Le navet est la plante des terres pauvres.
(*a*) Fosseyeux.

CHAPITRE XV

PLANTES FOURRAGÈRES

I

Plantes fourragères

Qu'appelle-t-on plantes fourragères ?

On appelle plantes fourragères celles qui produisent le foin ou fourrage destiné à la nourriture des bestiaux.

Comment nomme-t-on les terrains occupés par les plantes fourragères ?

Ces terrains portent le nom de prairies naturelles et de prairies artificielles.

II

Prairies naturelles

Qu'appelle-t-on prairies naturelles ?

On appelle prairies naturelles ou permanentes celles qui se reproduisent naturellement et qui n'exigent pas de culture (a).

(a) Saucerotte.

On peut en former en semant les graines des plantes qui les composent.

Quels soins réclament les prairies naturelles ?

Les soins que réclament les prairies naturelles sont : 1° l'assainissement, si elles sont humides ; 2° des irrigations si elles sont sèches ; 3° la destruction des mauvaises herbes ; 4° des amendements et des engrais appropriés au sol ; 5° l'épandage des taupinières, ainsi que l'enlèvement des pierres (*a*).

Quel engrais convient aux prairies naturelles ?

Lorsqu'une prairie a besoin d'engrais, il n'y faut répandre que du fumier très consommé parvenu presque à l'état de terreau.

Combien y a-t-il de prairies naturelles ? (1).

Il y a trois sortes de prairies naturelles : 1° les prés secs ; 2° les prés moyens ; 3° les prés bas ou marécageux.

Parlez de ces diverses sortes de prés ?

1° Les prés secs sont situés sur les hauteurs ou sur les pentes. En général, l'herbe en est peu élevée mais de bonne qualité. Lorsque l'année est sèche, ces prés produisent peu et ne donnent qu'un faible regain.

2° Les prés moyens sont situés sur le bord des eaux courantes, dans le fond des vallées, dans les plaines peu élevées. Ils donnent des produits abondants à la première récolte, et fournissent

(1) Les prairies naturelles prennent le nom d'herbages quand elles sont pâturées au lieu d'être fauchées.

un excellent regain que l'on fauche ou que l'on fait pâturer sur place.

3° Les prés marécageux sont ceux où les eaux séjournent depuis la fin de l'été jusqu'au printemps ; l'herbe y est de mauvaise qualité ; en mûrissant elle devient dure, et les animaux ne la mangent pas avec plaisir (c).

III

Prairies artificielles

Qu'appelle-t-on prairies artificielles ? (1).

On appelle prairies artificielles ou temporaires celles où l'on sème une plante fourragère devant durer une ou plusieurs années (2) (a).

Quelles sont les principales plantes fourragères cultivées dans les prairies artificielles ?

Ce sont : le sainfoin, le trèfle, la luzerne et la vesce.

IV

Sainfoin

Qu'est-ce que le sainfoin ?

Le sainfoin est regardé comme le meilleur fourrage vert ou sec. Ses graines sont recherchées pour les oiseaux de basse-cour (b).

(1) Les prairies artificielles sont des champs labourés.

(2) Les plantes fourragères doivent succéder aux plantes épuisantes.

(a) Saucerotte.

(b) Dupuis.

(c) Barreau.

Quel sol convient au sainfoin?

Le sainfoin réussit surtout dans les terrains dont le sol est calcaire, pourvu que ses racines puissent s'infiltrer entre les pierres. Il exige des labours profonds et de bonnes fumures.

Comment sème-t-on le sainfoin?

On sème le sainfoin à la volée sur une céréale, et on l'enterre avec la herse.

Sa durée est de 4 à 6 ans.

Combien le sainfoin donne-t-il de coupes, et quand le récolte-t-on?

Le sainfoin donne deux coupes : la première se récolte en juin et la seconde en septembre; cette seconde coupe s'appelle regain.

V

Trèfle

Qu'est-ce que le trèfle?

Le trèfle est une plante qui donne un fourrage abondant et de bonne qualité. Les chevaux en sont friands; mais il ne faut pas leur en laisser manger trop, surtout en vert, car il pourrait les imcommoder.

Il améliore le sol et le prépare bien pour la culture des céréales (a).

Y a-t-il plusieurs variétés de trèfle?

Il existe plusieurs variétés de trèfle; mais le trèfle rouge ou commun et le trèfle incarnat, appelé aussi trèfle d'Espagne, sont à peu près seuls cultivés.

(a) Pavette.

Parlez du trèfle commun ?

Le trèfle commun, qui est une plante bisannuelle, est le plus cultivé. Il donne deux coupes ; la seconde coupe inférieure à la première, est celle qu'on réserve pour la graine.

Faites connaître le trèfle incarnat ?

Le trèfle incarnat se cultive pour être mangé en vert, et donne une récolte abondante et précoce. Il ne dure qu'un an et ne fournit qu'une seule coupe.

Quel sol convient au trèfle ?

Le trèfle réussit bien dans les terrains argileux, frais et humides, bien fumés et ameublis par des labours profonds.

Comment sème-t-on le trèfle ?

On sème le trèfle à la volée sur une céréale de printemps, assez haute pour le protéger : la graine est recouverte au moyen de la herse.

Quand récolte-t-on le trèfle ?

On récolte le trèfle en mai et en septembre ; il donne, en outre, un regain qu'on fait pâturer par les bêtes à cornes.

Lorsqu'on veut se procurer de la graine de trèfle on laisse mûrir la seconde coupe.

VI

Luzerne

Qu'est-ce que la luzerne ?

La luzerne est la plante fourragère qui dure le plus longtemps, et qui est la plus productive. (*a*)

____

(*a*) Pavette.

c'est un excellent fourrage, mais il faut le donner aux animaux en petite quantité.

Quel sol convient à la luzerne ?

La luzerne veut un sol léger, riche et profond, plutôt sec qu'humide, bien labouré et largement fumé. (*a*).

Comment sème-t-on la luzerne ?

La luzerne se sème sur une céréale, au printemps, et on l'enterre, par un hersage, peu profondément. (1)

Qand récolte-t-on la luzerne ?

La luzerne se récolte depuis avril jusqu'en novembre ; elle donne ordinairement trois coupes.

Quelle est la durée d'une luzernière ?

Une luzernière peut durer de 8 à 10 ans, suivant les soins donnés à la terre ; mais il est bon de ne pas attendre la limite extrême et de rompre la luzernière dès que ses produits diminuent notablement.

VII

Vesce

Qu'est-ce que la vesce ?

La vesce est une plante annuelle dont les tiges traînent sur le sol ; c'est pourquoi on sème avec elle pour lui servir d'appui, une plante à tige ferme, comme le seigle, l'orge ou l'avoine.

---

(1) C'est dans l'orge que la luzerne, comme le trèfle et le sainfoin, réussit le mieux.

(*a*) Fosseyeux.

Quel est le sol qui convient à la vesce ?

La vesce aime les terres suffisamment pourvues de calcaire, bien labourées et nettoyées des mauvaises herbes.

Quand et comment se sème la vesce ?

La vesce se sème au printemps, à la volée, dru plutôt que clair ; on la recouvre à la herse, qu'on fait suivre par le rouleau dans les terres légères et sèches.

Comment récolte-t-on la vesce ?

Lorsqu'on veut utiliser la graine de la vesce, on la laisse complètement mûrir avant de la faucher. Si on désire la récolter comme fourrage sec, il ne faut la faucher que lorsqu'elle est en fleur et la laisser sécher sur la terre.

Quelles sont les qualités de la vesce ?

La vesce est un bon fourrage qui se consomme vert ou sec, et que les bestiaux aiment beaucoup. Les graines servent à nourrir le bétail et les oiseaux de basse-cour ; (1) elles sont particulièrement recherchées pour la nourriture des pigeons.

REMARQUE. — La culture des fourrages est la base de toutes les autres ; en effet, sans fourrages, point de bétail ; sans bétail, point de fumier ; sans fumier, point de récoltes.

____

(1) Il faut faire manger en petite quantité la vesce en vert ; autrement les bestiaux en seraient incommodés.

VIII

Inconvénients

Quels sont les inconvénients des fourrages verts ?

Les fourrages verts, qui ont l'avantage de purger les animaux, peuvent aussi occasionner des maladies et l'enflure appelée météorisation. Cette enflure occasionnée principalement par le trèfle, provient des gaz qui se dégagent du fourrage dans l'estomac de l'animal.

Que faut-il faire pour prévenir ces inconvénients ?

Pour éviter surtout la météorisation, il faut prendre les précautions suivantes : 1º ne pas faire passer brusquement les animaux du fourrage sec au vert, mais donner de l'un et de l'autre pendant quelque temps, de manière à arriver insensiblement au vert seul ; 2º ne pas laisser s'échauffer le fourrage qu'on a rentré pour être donné vert ; 3º ne pas faire manger sur place les plantes tendres qui ont été plâtrées, ou qui sont mouillées. (1)

(1) Voir page 43 les moyens de combattre la météorisation.

CHAPITRE XVI

PLANTES INDUSTRIELLES

I

Plantes industrielles

Qu'appelle-t-on plantes industrielles ?

On appelle plantes industrielles celles qui servent de matière première aux différentes industries.

Comment divise-t-on les plantes industrielles ?

On les divise en plantes oléagineuses et en plantes textiles. (1).

II

Plantes oléagineuses

SOMMAIRE. — Colza. — Caméline.

Qu'appelle-t-on plantes oléagineuses ?

On appelle plantes oléagineuses celles dont les graines fournissent de l'huile.

(1) Nous ne parlerons pas des plantes tinctoriales et autres qui ne sont pas cultivées dans notre région.

*Quelles sont les principales plantes oléagi-
neuses cultivées ?*

Ce sont : le colza et la caméline·

III

Colza

Qu'est-ce que le colza ?

Le colza est une espèce de chou à tige rameuse,
à fleurs jaunes, dont la graine fournit une huile
propre à l'éclairage.

Le tourteau qui résulte de son résidu sert à
nourrir les bestiaux et s'emploie aussi comme
engrais. *(a)* Les fouilles forment un bon fourrage
vert. (1)

Y a-t-il plusieurs variétés de colza ?

Il y a deux variétés de colza : le colza de printemps qui se sème en mai et le colza d'hiver qui
se sème en juillet. Ce dernier est le plus productif
et le plus cultivé.

Quel est le terrain qui convient au colza ?

Le colza demande un terrain profond, meuble,
frais et bien fumé. Cette plante aime les sols
argilo-calcaires, perméables et les terres riches
en humus. (2)

(1) Le colza se sème plus dru quand il est cultivé pour
fourrage.

(2) Le colza est une plante très épuisante; il ne doit revenir
à la même place qu'après un intervalle de 6 ans au moins.

(a) Fosseyeux.

Comment sème-t-on le colza ?

Le colza se sème à demeure, c'est-à-dire pour rester en place, ou en pépinière, pour être repiqué en septembre ou octobre. Le semis peut se faire à la volée ou en lignes au moyen du semoir mécanique.

Comment plante-t-on le colza ? (1)

On emploie deux procédés de plantation : 1° on se sert de la charrue ; 2° on emploie le plantoir.

Par la première méthode, des femmes placent les plants à une distance de 0^{m}20 à 0^{m}30 les uns des autres sur la terre qui vient d'être renversée par la charrue et la terre provenant du sillon suivant sert à recouvrir les plants. Il faut laisser hors de terre toute la partie qui surmonte le collet.

Par la deuxième méthode qui consiste à employer le plantoir, un homme fait les trous à la distance déterminée ; une femme le suit et enfonce un jeune plant dans chaque trou, puis foule la terre tout autour.

Quels soins d'entretien demande le colza ?

Il est bon, vers le mois d'avril ou de mai, de butter le colza, afin de solidifier les pieds et de leur conserver l'humidité dont ils ont besoin pour développer leurs fleurs et leurs graines.

A quelle époque se fait la récolte du colza et quelles précaution exige-t-elle ?

On coupe le colza, à la faucille, vers la fin de juin, quand les tiges et les siliques (2) sont jaunes.

---

(1) Il doit s'écouler le moins de temps possible entre l'arrachage et la transplantation.

(2) Les siliques sont les cosses qui renferment la graine.

La plante du colza s'égrène facilement, il ne faut pas attendre que la graine soit parfaitement mûre pour la récolter. Les tiges sont laissées en javelles pendant quelques jours, puis on les bat en plein champ, au fléau sur une grande toile ou bâche.

Les tiges servent de litière et de chauffage.

IV

Caméline

La caméline est une plante annuelle, dont la tige, d'une hauteur de 0m40 à 0m50, porte de petites fleurs jaunes, auxquelles succèdent des siliques ovales renfermant des graines brunâtres dont on retire une huile assez estimée. *(a)*

Quel est le sol qui convient à la caméline ?

La caméline se trouve bien dans tous les sols, mais elle préfère les terres légères. *(b)*

Comment se sème et se récolte la caméline ?

La caméline se sème à la volée vers le mois de mai. La graine est enterrée par un hersage. Cette plante n'exige aucun soin d'entretien, mais elle est peu cultivée.

La caméline se récolte en septembre. Elle doit être arrachée et non pas coupée. On la bat avec précaution pour ne pas trop endommager les tiges, qui servent à faire des balais très durables.

(a) Bussard. — *(b)* Desbeaux.

V

Plantes textiles

SOMMAIRE. — Chanvre. — Lin.

Qu'appelle-t-on plantes textiles ?

On appelle plantes textiles celles dont les fibres servent à la fabrication du fil, des tissus, des cordages.

Quelles sont les principales plantes textiles ?

Ce sont : le chanvre et le lin.

VI

Chanvre

Qu'est-ce que le chanvre ?

Le chanvre est une plante annuelle dont les fleurs mâles et les fleurs femelles se trouvent sur des pieds différents.

Quel sol convient au chanvre ?

Le chanvre demande une terre riche, légère, sablonneuse, fraîche, bien fumée et labourée profondément.

Quand et comment sème-t-on le chanvre ?

On sème le chanvre vers la fin d'avril, à la volée, ou en lignes, et on recouvre la semence avec la herse. Il faut avoir soin de bien l'enfoncer, pour qu'elle échappe aux oiseaux, qui en sont très friands. Le chanvre étouffe les mauvaises herbes et se sarcle ainsi de lui-même.

Quand et comment se fait la récolte du chanvre ?

Le chanvre mâle se récolte en août ; on l'arrache brin à brin, on le lie en bottes et on l'étend au soleil en faisceaux ; quand il est sec, on le porte au routoir (1).

Le chanvre femelle se récolte en septembre. On l'arrache un peu avant sa maturité ; on le fait sécher et on le bat pour recueillir la graine ; ensuite on le soumet au rouissage, comme le chanvre mâle (a).

En quoi consiste le rouissage du chanvre ?

Le rouissage du chanvre, qui a pour but de faciliter la séparation de la filasse, consiste à étendre les tiges sur le pré ou à les laisser tremper dans l'eau pendant 15 à 20 jours. Ensuite on les fait sécher, puis on les treille à la main ou au moyen d'un instrument appelé broie, afin d'obtenir la filasse, qui est ensuite peignée et filée.

Quels sont les usages du chanvre ?

Le chanvre fournit une filasse avec laquelle on fait des cordages et de la toile.

Sa graine appelée chènevis, sert à nourrir les oiseaux et donne une bonne huile utilisée pour l'éclairage et la fabrication du savon commun. Les tiges sèches sont utilisées pour le chauffage.

(1) On appelle routoir l'endroit où l'on met le chanvre à rouir.

(a) Fosseyeux.

VII

Lin

Qu'est-ce que le lin?

Le lin est aussi une plante annuelle, très épuisante, qui ne doit revenir sur un même sol qu'à de longs intervalles.

Quel sol convient au lin?

Le lin est aussi une plante délicate qui ne réussit que sur un sol fertile, bien fumé, bien ameubli et labouré profondément.

Quand et comment sème-t-on le lin ?

On sème le lin au printemps, très dru, à la volée, par un temps couvert, humide et disposé à la pluie ; on recouvre la graine par un hersage suivi d'un roulage.

Quand et comment se fait la récolte du lin?

Lorsque les feuilles et la partie inférieure des tiges ont pris une teinte jaune, on arrache la plante et on réunit les tiges en bottes dont on forme des faisceaux pour les faire sécher. Quand les bottes ont séché à l'air libre, on les bat pour les débarrasser des graines ; puis on soumet les tiges au rouissage comme le chanvre.

Quels sont les usages du lin ?

La filasse du lin sert à faire des toiles fines soyeuses et douces. Sa graine donne une huile employée en peinture. La médecine tire un grand parti de la graine de lin (1). Les tourteaux de lin sont donnés aux bestiaux et utilisés comme engrais.

(1) La farine de lin est employée pour faire des cataplasmes.

QUATRIÈME PARTIE [1]

—

LE CIDRE

CHAPITRE XVII

I

Le Cidre

SOMMAIRE. — Le Cidre, travaux préparatoires. — Culture du Pommier. — Récolte des pommes

Qu'est-ce que le cidre ?

Le cidre est une boisson que l'on fabrique avec du jus de pomme fermenté; c'est la boisson ordinaire dans la Normandie (2).

Quelles sont les qualités du cidre ?

Lorsqu'il est fabriqué dans de bonnes conditions, le cidre est une boisson saine, bienfaisante,

---

(1) De nombreux emprunts ont été faits aux conférences de Morière.

(2) Le cidre de Normandie est supérieur à tous les autres. (Rostard.)

tonique, d'un goût agréable, facilitant la digestion et désaltérant beaucoup mieux qu'aucune autre espèce de boisson.

Quelles sont les conditions à observer pour faire de bon cidre ?

Pour faire de bon cidre, il importe d'appeler l'attention des cultivateurs sur les points suivants :

1° La culture du pommier ;
2° La récolte des fruits et le choix des espèces ;
3° Le degré de maturité des pommes ;
4° L'extraction du jus, ou pressurage ;
5° La propreté des futailles ;
6° La fermentation et la conservation du cidre.

II

Culture du Pommier

Comment obtient-on les sujets ?

Les sujets s'obtiennent à l'aide de pépins qu'on sème dans une pépinière. Un an après les semis, les jeunes arbres sont bons à être transplantés dans une seconde pépinière.

Où doit se placer une pépinière ?

Une pépinière doit se placer dans un bon terrain, suffisamment abrité, sans être trop concentré, car, dans ce cas, les arbres pousseraient étiolés.

Elle doit aussi être assez loin de toute plantation pour que le terrain destiné aux jeunes plants ne puisse être envahi par les racines des arbres voisins.

Que faut-il faire quand on ne peut établir une pépinière ?

Lorsqu'une ferme ne possède pas la nature du sol qui convient à l'élevage du pommier, ou lorsqu'on ne peut s'astreindre au travail que réclame une pépinière, il convient d'acheter ses pommiers chez les pépiniéristes de profession, et ne prendre que de bons et beaux arbres.

Quand faut-il pratiquer la greffe ?

La greffe doit être pratiquée dès que le plant a atteint la grosseur nécessaire pour être greffé. Il est préférable de faire cette opération en pépinière, car il en résulte une économie de temps et une plus grande facilité pour la reprise en terre.

Les arbres greffés fructifient en général de meilleure heure et donnent des produits plus beaux, plus savoureux et plus abondants (1).

Quel terrain demande le pommier ?

Pour pouvoir s'étendre facilement et donner de bons résultats, le pommier demande une terre profonde, ni trop sèche ni trop humide ; il réussit difficilement dans les terrains rocailleux, mais pousse très bien sur le silex. Si le terrain est argileux, il faut le drainer avant de faire une plantation de pommiers.

Indiquer la préparation du terrain pour la pépinière ?

Le terrain destiné à recevoir les arbres de la pépinière doit être bêché à environ 0^{m}50 de profondeur, engraissé avec du terreau, des feuilles

(1) Voir page 179 les diverses espèces de greffes et le mode de greffage.

sèches arrosées de purin, ou mieux avec de bon fumier placé à 0^m 20 au-dessous du niveau du sol.

Comment se fait la plantation dans la pépinière ?

La plantation se fait en lignes espacées les unes des autres, d'environ 0^m 60 et chaque pied sur la ligne distante de l'autre d'environ 50 centimètres.

Que faut-il observer relativement à la plantation du pommier ?

La plantation est une des opérations les plus importantes de l'agriculture ; on ne saurait donc y apporter trop de soin.

Quelque temps avant de planter un pommier, on creuse un trou plus ou moins profond, selon le sol dans lequel on le plante (1). Dans un sol léger les fosses doivent être plus profondes d'environ 0^m 15 à 0^m 30 au moins, et n'avoir pas moins de un mètre de diamètre.

Au fond, on a soin de disposer une couche de terreau très meuble, sur lequel repose le pied de l'arbre ; on recouvre les racines de terreau et on y ajoute des branches de vignots ou ajoncs. A leur défaut on peut employer des fougères sèches ou des pailles de grains.

Les vignots ou fougères ont pour but de permettre aux racines de se placer facilement et de laisser circuler l'air librement dans les terres ameublies qui garnissent le fond de la fosse.

Quelles précautions faut-il prendre au moment de la plantation ?

1° Avant de procéder à la plantation des pom-

(1) La terre s'améliore au contact de l'air.

miers, il faut couper dans les racines toutes les parties meurtries ou froissées;

2° Une bonne orientation est nécessaire pour obtenir des produits de bonne qualité; les fruits mûris au soleil sont de beaucoup les plus savoureux.

3° Il faut aussi avoir soin de ne pas trop tasser la terre que l'on rapporte, afin que les racines et les radicelles puissent prendre aisément leur place.

A quelle distance faut-il planter les pommiers ?

Dans les plantations, la distance réservée entre les arbres n'est pas toujours suffisante.

Pour les pâturages, il est plus convenable de planter en quinconce (1), et de réserver entre les pommiers, une distance de dix mètres au moins. Dans les terres de labour, il faut réserver entre les arbres une distance de 15 mètres.

A quelle époque transplante-t-on les pommiers ?

On transplante les pommiers lorsque la sève cesse de circuler, c'est-à-dire à l'époque de la chute des feuilles. Dans les terres fortes, il faut planter les pommiers à la fin de l'hiver.

Qu'y a-t-il à faire pour faciliter la reprise du pommier ?

Pour faciliter la reprise du pommier, il est recommandé de tremper les racines dans un mélange de terre, de bouse de vache et d'eau.

Il est bon aussi, les premières années de la plantation, de badigeonner les arbres avec un

---

(1) Une plantation d'arbres en quinconce se dit d'un plan d'arbres disposé en échiquier.

mélange de terre, de chaux et de bouse de vache, auquel on ajoute un peu de sulfate de fer.

Ces moyens, simples et peu coûteux, peuvent assurer la réussite des plantations.

Comment préserve-t-on les jeunes pommiers de l'attaque des bestiaux ?

On préserve les jeunes pommiers de l'attaque des bestiaux au moyen de deux pieux placés de chaque côté de la tige, et liés ensemble au moyen de petites traverses. Un grand nombre de cultivateurs emploient aujourd'hui des échalas métalliques.

D'autres attachent des ajoncs, la tête renversée contre les tiges des arbres qu'ils veulent protéger. Ce système, peu dispendieux, est considéré comme engrais à cause des débris qui tombent au pied des arbres, mais il dure peu de temps.

Quels soins faut-il donner aux pommiers ?

Il faut fumer le pied des pommiers pendant l'hiver, en observant les trois conditions suivantes : 1° enlever à une distance de 0^m50 à 0^m60 de l'arbre des mottes de terre, afin de mettre de l'engrais aux extrémités des racines ; 2° employer comme engrais un compost de marc de pommes, de feuilles de pommier, de terre et de chaux (1), de préférence au fumier de vache ou de cheval ; 3° débarrasser, pendant l'hiver, les arbres des branches mortes ou à moitié brisées, ainsi que de toutes les mousses, champignons, etc., qui peuvent envahir le tronc.

(1) On met 3 parties de marc, 3 de terre meuble, 1 de chaux vive.

MI

Les ennemis du Pommier

Indiquer les ennemis du pommier et les moyens de s'en débarrasser ?

Le pommier a un grand nombre d'ennemis qui s'attaquent de préférence aux arbres les plus faibles, à ceux qui ne reçoivent aucun engrais.

Parmi les parasites de l'arbre, il faut citer le gui, les mousses et les lichens, ainsi que les chancres (1).

Le gui, un des plus grands ennemis du pommier, est un parasite des plus dangereux, à cause de sa grande facilité de reproduction. Il détourne la sève de l'arbre pour s'en nourrir. Chaque année, il faut l'abattre avec un crochet avant qu'il n'ait produit ses fruits.

Les mousses et les lichens se développent surtout sur les vieux arbres, parce que l'écorce se couvre de gerçures qui la soulèvent et forment autant de retraites pour les insectes.

Il faut frotter la tige avec une brosse rude ou le dos d'une serpe pour arracher les écailles, puis laver l'arbre avec un lait de chaux qui devient adhérent.

Les chancres proviennent souvent des blessures que l'arbre a pu recevoir. Pour guérir cette maladie, on enlève la partie morte et on recouvre ensuite la section avec de l'onguent de Saint-Fiacre, absolument comme s'il s'agissait d'une greffe nouvellement faite (2).

(1) Parasite veut dire qui vit aux dépens d'autrui.
(2) Voir page 152 onguent Saint-Fiacre.

Parlez des parasites animaux du pommier ?

Les principaux parasites animaux du pommier sont : le puceron, la chenille, l'anthonome, la chématobie.

Le puceron est un petit insecte qui produit de grands ravages sur les pommiers en s'attaquant aux jeunes branches et en y formant des plaies ineffaçables.

La chenille ou larve de papillon ronge les feuilles et les fleurs des plantes et des arbres. On peut la détruire en flambant les anneaux d'œufs et les bourres de chrysalides déposés sur les branches.

L'anthonome est un petit charançon qui pond un œuf dans le cœur de la fleur du pommier. Le ver qui en provient dévore le fruit dès qu'il est noué et on constate trop tard sa présence par les fleurs qui tombent en grande quantité.

La chématobie est un petit papillon qui roule la feuille tendre du pommier et fait le plus grand tort à la végétation de l'arbre.

Quel traitement faut-il employer contre les ennemis du pommier ?

On peut employer du jus de tabac dans la proportion de un litre dans 15 à 20 litres d'eau.

Mais le traitement général contre tous les ennemis du pommier est de gratter les vieilles écorces, de couper les bois morts et de projeter (1) ensuite sur l'arbre un lait de chaux nouvellement éteinte auquel il sera bon d'ajouter 15 à 20 kilogrammes de sulfate de fer par hectolitre de liquide.

Il y aurait encore un grand nombre de mala-

(1) Pour projeter le liquide sur l'arbre, on peut employer un instrument appelé pulvérisateur à pommier.

dies ou d'ennemis à faire connaître, mais les moyens pratiques semblent faire défaut pour les combattre; tels sont le mans ou larve du hanneton, et le ver blanc qui attaque les racines des jeunes arbres et les fait pourrir, etc.

IV

Récolte des pommes

Quand doit se faire la récolte des pommes ?

La récolte des pommes doit se faire autant que possible, par un temps sec, et commencer chaque matin lorsqu'il n'y a plus de rosée; elle a lieu, suivant les variétés, pendant les mois de septembre, octobre et novembre.

Pour être récoltées, les pommes doivent être arrivées à un degré de maturité convenable, qui se reconnaît lorsqu'elles tombent d'elles-mêmes.

Comment doit se faire la cueillette des pommes ?

La cueillette des pommes est souvent une cause de mutilation pour les pommiers. Pour remédier à ce grave inconvénient, voici comment il faut opérer :

Un homme monte dans le pommier, et, marchant sur les grosses branches jusqu'au point extrême où elles peuvent le porter, les secoue fortement de manière à faire tomber la plus grande quantité possible de pommes ; avec les mains, il secoue également les branches qui se trouvent au-dessus de lui et à côté.

Lorsqu'il n'obtient plus de résultat en agissant de la sorte, il descend et s'arme d'une gaule. Il frappe légèrement sur l'extrémité des branches pour faire tomber les fruits. Il faut prendre garde de briser les jeunes pousses qui sont l'espoir de la récolte suivante, et aussi de meurtir les pommes.

Où faut-il déposer les pommes ?

Souvent on dépose les pommes en tas sur le sol, exposées à la pluie et à la gelée, ce qui est contraire à une bonne maturation des fruits.

Après avoir été soigneusement ramassées et mises dans des sacs, les pommes sont portées dans des bâtiments spéciaux où on les réunit sur un plancher divisé en autant de cases qu'il y a d'espèces différentes ; il est bon de ne pas faire les tas trop gros, afin que la maturation puisse s'opérer sans échauffement. Ces bâtiments doivent être munis d'un grand nombre d'ouvertures, pour permettre une ventilation énergique.

Comment se classent les pommes à cidre ?

Les pommes à cidre se classent en trois divisions principales, d'après leur époque de maturité, c'est-à-dire en pommes de première, de deuxième et de troisième saison.

Pommes de première saison. — Les premières pommes bonnes à brasser vers le mois d'octobre se cueillent en septembre. Ces premières pommes sont généralement de qualité médiocre et donnent une boisson qui se conserve peu et se consomme presque exclusivement dans la ferme ou aux environs.

Le transport exerce sur ces cidres une mauvaise influence et les altère.

Pommes de deuxième saison. — Les espèces de seconde saison se cueillent en octobre et sont bonnes à brasser en novembre. Ce sont les variétés, comprises dans cette seconde époque de maturité, qui produisent les cidres les plus délicast.

POMMES DE TROISIÈME SAISON. — La troisième division renferme les pommes qui se cueillent en novembre et que l'on brasse en décembre ou janvier. Les bonnes espèces semblent plus rares dans cette troisième saison, mais elles fournissent un cidre généreux qui se conserve longtemps.

Comment doit-on opérer le mélange des pommes ?

Au moment du brassage, il faut avoir soin d'opérer le mélange avec des fruits de même maturité. Le mélange est basé sur les observations suivantes :

1º Les pommes acides font des cidres de mauvaise qualité ;

2º Les pommes douces rendent le cidre agréable, mais il est faible en couleur et de courte durée ;

3º Les pommes amères ou âcres donnent un cidre très dense, généreux et d'une longue conservation.

Que faut-il penser des pommes pourries et de celles qui tombent avant leur maturité ?

Il faut surtout éviter d'employer, pour la fabrication du cidre, des pommes pourries, et ne pas oublier que l'infériorité de beaucoup de cidres est due, en grande partie, à l'emploi de fruits gâtés ou pourris.

Quant aux pommes tombées avant leur maturité, et nommées quétines, elles doivent être pilées à part, car elles fournissent un jus de mauvaise qualité, qui tourne très vite à l'aigre, et qui doit être bu promptement.

De quoi dépendent la force et la bonté des cidres ?

La force et la bonté des cidres dépendent entièrement du mélange des pommes et de leur état de maturité, ou, en d'autres termes, de la proportion de sucre qu'elles contiennent.

Peut-on obtenir de bon cidre avec les pommes d'un seul solage ?

L'expérience a démontré qu'on ne peut obtenir généralement de bons cidres avec les pommes d'un même solage, c'est-à-dire d'une seule espèce ; le mélange des espèces est le seul moyen de neutraliser les défauts des unes par les qualités des autres et d'obtenir un cidre plus corsé (1).

(1) Les variétés suivantes employées seules donnent cependant une excellente boisson. Ce sont : le Gagne-Vin et le Muscadet.

CHAPITRE XVIII

EXTRACTION DU JUS

I

Brassage

Quand doit-on brasser le cidre ?

Lorsque les pommes sont arrivées au degré de maturité parfaite, il faut procéder à leur trituration, c'est-à-dire au pilage.

Comment s'opère l'opération du pilage ?

L'opération du pilage s'exécute encore, dans plusieurs fermes, au moyen d'une auge circulaire en pierre dans laquelle les pommes sont écrasées par une meule verticale en pierre ou en bois, mue par un cheval.

Aujourd'hui beaucoup de cultivateurs ont remplacé cette imparfaite et dispendieuse machine par un moulin composé de noix en fonte ou de cylindres cannelés, surmontés d'une trémie, dont le maniement est rendu commode au moyen d'un volant.

(1) On emploie indifféremment ces trois mots pour désigner la trituration ou le broiement des pommes.

Ce moulin occupe peu d'espace ; il est portatif, fonctionne rapidement, sans exiger beaucoup de force. Son prix est à la portée de tous les cultivateurs.

Que fait-on des pommes quand elles sont écrasées ?

Quand les pommes sont écrasées on peut mettre la pulpe dans des cuves où elle reste pendant 12 à 15 heures. La pulpe exposée à l'air prend une couleur rougeâtre qui se communique au jus. Ce procédé donne des cidres trop chargés en couleur. C'est pourquoi on soumet habituellement les pommes à la pression aussitôt après le broyage. On dépose alors la pulpe par couches sur un fort plancher, qu'on appelle tablier, ou maie ; ces couches sont séparées les unes des autres par des lits de paille, ou glui (1).

Comment extrait-on le jus de la pulpe ?

Quand le marc est suffisamment élevé, on abat dessus une table et des billots ; ensuite on presse avec un arbre de très grande longueur, appelé mouton, que l'on fait mouvoir à l'aide de vis en bois. La pression ainsi exercée est insuffisante pour faire sortir le jus.

C'est pourquoi on substitue souvent au pressoir à mouton une presse à vis en fer entourée d'un écrou en encliquetage. Au moyen d'un levier qui s'engage dans l'écrou, un homme peut exercer une pression suffisante.

Où reçoit-on le jus ?

On dispose un réservoir ou une cuve de manière à recevoir le jus qui découle du tablier,

(1) On se sert aussi, au lieu de paille, de cloisons en bois, ou en osier, ou de tissus de crin ou de chanvre.

lorsque celui-ci est chargé de pulpe, et que la pression est exercée. Le jus ainsi extrait est conduit au moyen d'une pompe ou porté avec des seaux dans les tonneaux.

Comment obtient-on le gros et le petit cidre?

Le gros cidre est formé du jus qui s'écoule sans pression ou au moyen de la première pression.

Mais comme tout le jus des pommes n'est pas extrait, on est obligé de rémier le marc, c'est-à-dire de le broyer une ou deux fois avec une certaine quantité d'eau et de le presser de nouveau. Le jus qui s'écoule de ces nouvelles pressions s'appelle petit cidre ou boisson.

II

Choix des eaux pour le cidre

Quelles eaux faut-il employer pour la fabrication du cidre ?

La fabrication du cidre demande une propreté aussi grande que possible. L'eau surtout a une grande influence dans la fabrication des boissons connues sous le nom de cidres mitoyens et de petits cidres puisqu'elle y entre en grande quantité. L'eau de pluie recueillie dans des citernes est de beaucoup la meilleure à employer.

L'emploi des eaux sales connues sous le nom d'eaux de mares, eaux rompues, des eaux contenant une grande quantité de principes calcaires, agissent d'une manière défavorable sur les cidres en les faisant noircir.

III

Propreté des futailles

La propreté des futailles a-t-elle de l'importance ?

Oui car il est reconnu que la malpropreté des fûts influe sur la qualité du cidre. Il faut donc veiller avec le plus grand soin à la propreté des tonneaux et les laver dès qu'ils sont vides.

Il convient de les laver avec un lait de chaux, puis à plusieurs eaux, lorsqu'ils sont restés quelque temps en vidange.

Que faut-il faire lorsque les futailles ont une mauvaise odeur ?

Lorsque les tonneaux ont contracté une odeur de moisi ou de pourri, on doit les laver à plusieurs reprises avec un peu de chlorure de chaux liquide, puis on rince à grande eau (1).

On pourrait aussi brûler quelques mèches de soufre dans les tonneaux lorsqu'ils sont vides, et les boucher ensuite jusqu'au moment où on les emplit de nouveau.

IV

Fermentation et conservation du Cidre

En quoi consiste la fermentation du cidre ?

La fermentation du cidre est ce travail qui s'opère dans le liquide qui, de sucré, devient

(1) 500 grammes de chlorure solide, délayés dans 25 litres d'eau, suffisent pour nettoyer plusieurs tonneaux.

alcoolique en laissant dégager de l'acide carbonique.

Ainsi, lorsque le jus est introduit dans les tonneaux, il ne tarde pas à éprouver la fermentation alcoolique, qui dure communément de deux à trois mois. Quand elle est terminée, le cidre devient clair et peut servir de boisson.

Que faut-il faire lorsqu'on veut avoir un cidre plus agréable ?

Lorsque la première fermentation est terminée, le liquide devient clair, les ferments montent à la surface et les parties plus denses, qui constituent la lie, tombent au fond du vase. Il faut aussitôt procéder à un soutirage et transvaser le cidre dans un fût bien propre, préparé à cet effet.

La transformation du sucre en alcool continuera encore pendant quelques semaines, quelquefois plusieurs mois, avec dégagement d'acide carbonique. Un nouveau dépôt se formera et il est nécessaire de soutirer une seconde fois, si l'on veut avoir un cidre bien clair, susceptible d'une longue conservation.

Faut-il tenir compte de la température des caves pendant la fermentation ?

Oui, assurément ; on ne veille pas assez à ce qu'il y ait uniformité de température pendant la fermentation ; et c'est parce que la fermentation s'est faite dans de mauvaises conditions, que souvent le cidre reste trop longtemps trouble et même ne s'éclaircit pas du tout.

Dans une cave où le cidre est en fermentation, il faut veiller à ce que la température ne soit ni trop basse ni trop élevée.

La température la plus convenable pour la fermentation alcoolique, est celle de 12 à 15° (1).

Comment peut-on empêcher le cidre de tourner à l'aigre ?

Lorsqu'un tonneau reste en vidange pendant longtemps, il en résulte que le cidre passe à l'aigre. Pour empêcher l'acidité de se développer, il suffit, quand on entame un tonneau, de verser par la bonde une certaine quantité d'huile d'olive (2).

L'huile se rassemble à la surface du cidre et forme une couche très mince qui s'oppose à l'action de l'air, de sorte que le cidre est bon jusqu'au dernier verre (3).

(1) Il est donc important de placer un thermomètre centigrade dans la cave où fermente le cidre.

(2) Il suffit de deux litres d'huile d'olive pour un tonneau de 15 hectolitres.

(3) La propreté est la première qualité de toute bonne fabrication du cidre, et tout cidre bien fabriqué se conservera longtemps.

CHAPITRE XIX

I

Cidre en bouteilles

Comment obtient-on le cidre mousseux ?

Pour obtenir le cidre mousseux, on le laisse fermenter dans les tonneaux, et on le met en bouteilles dès que la fermation tumultueuse est terminée et que le soutirage a donné un produit clair. Dans ce cas, il reste toujours très mousseux, chargé d'acide qui le rend pétillant et le fait presque toujours dépasser les bords du verre.

L'époque de la mise en bouteilles peut-elle varier ?

L'époque de la mise en bouteilles peut varier avec les qualités spéciales que l'on veut obtenir dans le cidre. Ainsi pour obtenir une boisson délicate et de très longue conservation, il semble préférable d'attendre avant la mise en bouteilles que le cidre soit devenu légèrement piquant dans le fût, ce qui se produit environ deux ou trois mois après la fermentation tumultueuse et le soutirage qui suit. Il contient moins d'acide carbonique, mousse un peu moins ; on peut donc le verser plus facilement, tout en ayant une boisson plus nette et plus limpide.

A quel endroit du fût faut-il prendre le cidre ?

Dans les deux cas dont nous venons de parler, il est bon de ne pas prendre le cidre complètement au bas du fût, mais un peu plus haut, afin d'éviter d'introduire de la lie dans les bouteilles.

Ne peut-on mettre en bouteilles que du cidre pur ?

Ce serait un tort de croire à la nécessité d'employer uniquement du cidre pur. On peut facilement mettre en bouteilles du cidre renfermant une certaine quantité d'eau ; s'il se conserve moins longtemps, il est plus facile à consommer comme boisson ordinaire.

Quels soins exigent les bouteilles ?

Le cidre doit être mis dans des bouteilles spéciales, à verre épais et de forme conique. Lorsqu'elles sont bouchées et ficelées, il faut avoir soin de ne pas coucher immédiatement les bouteilles de la première période, mais bien de les laisser debout pendant quelques mois.

Les cidres de la seconde saison peuvent être couchés immédiatement, après que les bouteilles ont été ficelées, l'acide carbonique se produit en quantité insuffisante pour briser les bouteilles.

Indiquer le meilleur procédé pour déboucher une bouteille de cidre mousseux ?

L'instrument le plus employé porte le nom de siphon. Il se compose d'un tube formant tire-bouchon à l'une de ses extrémités pour pouvoir être facilement enfoncé dans le bouchon. Plusieurs petits trous permettent au cidre de pénétrer dans l'intérieur.La partie supérieure est recourbée et la communication s'établit au moyen d'un robinet.

Les cidres en bouteilles peuvent-il donner de réels bénéfices ?

Les cidres en bouteilles que l'on prépare aujourd'hui sur plusieurs points de la Normandie, sont appelés à devenir une branche importante et productive de l'industrie des cidres.

Déjà, il s'en expédie des quantités considérables et on les vend de 0 fr. 75 à 1 fr. 50 la bouteille, selon la qualité du cru. Il y a là un beau bénéfice à retirer pour les cultivateurs, qui auraient tort de ne pas donner à la fabrication du cidre mousseux l'importance qu'elle est susceptible d'acquérir.

II

Poiré

Qu'est-ce que le poiré ?

Le poiré est une boisson fermentée faite avec des poires ; c'est une sorte de cidre qui ressemble au vin blanc pour la couleur et pour le goût. (1)

Comment se prépare le poiré ?

Le poiré se prépare comme le cidre, mais en bien moins grande quantité ; seulement, au lieu d'exposer les fruits à l'air après le broyage, on les soumet directement à la pression, afin d'obtenir une liqueur incolore.

---

(1) Le poiré est une boisson lourde, indigeste, qui ne convient qu'aux estomacs robustes : on lui préfère le cidre.

En quoi le poiré diffère-t-il du cidre ?

Le poiré est plus alcoolique, plus capiteux et moins nourrissant que le cidre et il enivre promptement ceux qui n'en font pas un usage habituel. On lui attribue une action fâcheuse sur le système nerveux.

Le poiré n'a-t-il point quelque ressemblance avec certains vins ?

Le poiré de première qualité ressemble beaucoup aux petits vins de l'Anjou. Mis en bouteilles, après une bonne préparation, il devient complètement vineux ; mousseux, il prend souvent le masque des vins légers de la Champagne.

Quel usage fait-on du poiré ?

Le poiré est très propre à couper les vins blancs de médiocre qualité, qu'il rend plus forts et même meilleurs ; c'est ce que savent fort bien plusieurs fabricants de champagne qui font entrer dans leurs caves une partie des poirés de Normandie et notamment ceux de Clécy (Calvados), qui jouissent d'une réputation méritée et qui se vendent sous le nom de champagne de Clécy ou champagne normand.

Est-ce que les poirés ne s'emploient pas aussi dans la fabrication du cidre ?

Dans les arrondissements de Lisieux et de Pont-l'Evêque, où l'on récolte beaucoup de poires, on les mélange avec les pommes ; mais le cidre que l'on obtient a moins de valeur que celui fabriqué avec des pommes seules ; on le convertit en eau-de-vie.

III

Eau-de-vie de Cidre

Comment s'obtient l'eau-de-vie de cidre ?

En soumettant le cidre à la distillation, on obtient de l'alcool qu'on désigne sous le nom d'eau-de-vie.

Comment s'opère la distillation ?

La distillation s'opère au moyen d'un alambic, qui se compose de trois parties essentielles : la cucurbite ou chaudière dans laquelle on met le cidre ; le chapiteau qui la recouvre et la ferme et le serpentin ou tuyau tourné en spirale, qui communique avec le chapiteau par un tube recourbé et qui plonge dans un bain d'eau froide. Si l'on chauffe la chaudière, le cidre qu'elle contient se réduit en vapeur et celle-ci va se condenser dans le serpentin d'où elle s'écoule dans un réservoir.

Faites connaître en détail l'opération de la distillation ?

Lorsque la chaudière est remplie jusqu'à environ 15 centimètres du chapiteau ou tête d'alambic, on allume le feu dans le fourneau qui la supporte, en même temps que l'on fixe le chapiteau et que l'on fait communiquer le réfrigérant avec l'alambic.

Comment se continue la distillation ?

La distillation se continue ainsi pendant un temps plus ou moins long proportionnel à la quantité de cidre soumis à l'action du feu ; lorsque le produit de la condensation ne brûle plus, on cesse le travail. On a alors obtenu la *petite eau* que l'on recueille à part, puis on vide la chaudière et on recommence la même opération jusqu'à ce que tout le liquide destiné à être traité, soit utilisé.

Que fait-on après cette première opération ?

Lorsque cette première partie de l'opération est terminée, on reprend les petites eaux pour les soumettre de nouveau à l'action du feu. C'est ce que les distillateurs appellent repasser l'eau-de-vie.

Cette seconde distillation a pour but de concentrer l'alcool à un degré plus élevé pour obtenir un produit de meilleure qualité et d'une plus longue conservation. Généralement, on arrête l'opération lorsque l'eau-de-vie marque 60° centésimaux. (Alcoomètre de Gay-Lussac).

Tous les cidres sont-ils propres à donner de bonne eau-de-vie ?

Tous les cidres ne sont pas également propres à fournir de bonne eau-de-vie. Les cidres purs, les plus riches en alcool, sont ceux qui donnent la meilleure eau-de-vie et en plus grande quantité.

Indiquer le moyen d'avoir de bonne eau-de-vie ?

Lorsque l'eau-de-vie vient d'être obtenue, elle est incolore et si on la mettait immédiatement en bouteilles, elle ne prendrait aucune couleur. Mais si on la met dans un fût de chêne, elle prend une couleur jaune rougeâtre.

L'eau-de-vie est d'autant meilleure qu'elle est plus ancienne ; elle perd un peu en degré et en quantité, mais elle gagne en qualité.

SUPPLÉMENT

CHAPITRE XX (1)

INSTITUTIONS AGRICOLES

Sommaire. — Enseignement agricole. — Sociétés d'agriculture. — Syndicats agricoles. — Assurances agricoles.

I

Comment classe-t-on les institutions agricoles ?

On peut classer les institutions agricoles en quatre catégories :

1° Celles qui ont pour but l'enseignement agricole ;

2° Celles qui attribuent des récompenses aux agriculteurs méritants ;

3° Celles qui s'occupent de la défense des intérêts des cultivateurs ;

4° Celles qui mettent à la disposition des cultivateurs les ressources nécessaires à la réalisation de certaines améliorations.

(1) Ce chapitre a été extrait de l'*Agriculture*, par Bussard.

II

Enseignement agricole

L'enseignement agricole se donne dans les établissements suivants :

1° Enseignement supérieur ; Institut national agronomique à Paris ;

2° Enseignement secondaire : Écoles nationales de Grignon (Seine-et-Oise), de Grand-Jouan (Loire-Inférieure) et de Montpellier (Hérault) ;

3° Enseignement primaire : Écoles pratiques d'agriculture et 16 écoles-fermes créées depuis quelques années seulement, sont disséminées dans les différentes régions de la France. En 1888, une école nationale de laiterie a été créée à Mamirolle près de Besançon. En 1893, il a été créé à Douai une école nationale des industries agricoles (sucrerie, distillerie, brasserie, féculerie), etc.

L'enseignement agricole est encore donné aux élèves des écoles normales primaires, des écoles primaires supérieures et des écoles primaires élémentaires. Il y a aussi des conférences faites dans chaque département par un professeur départemental d'agriculture, afin de vulgariser, parmi les cultivateurs les applications pratiques de la science.

III

Comices et Sociétés d'agriculture

Quel est le but des sociétés d'agriculture ?

Il existe aujourd'hui, en France, un grand nombre de comices et de sociétés d'agriculture. Leur but est d'organiser des concours, avec les

ressources fournies par les cotisations de leurs
membres, les subventions du département et de
l'Etat, et de décerner des récompenses aux cultivateurs les plus méritants. Ces concours ont lieu
généralement dans chaque canton; mais il y a,
en outre, des concours régionaux organisés pour
plusieurs départements. Il y a encore chaque
année, à Paris, un concours agricole.

Des récompenses sont décernées aux exposants
des plus beaux produits du sol, des animaux les
plus remarquables et des meilleurs instruments
aratoires.

En outre, des primes d'honneur sont accordées
dans chaque département à tour de rôle, aux
exploitations les mieux tenues tant à la grande
qu'à la petite culture.

IV

Syndicats agricoles (1)

Qu'appelle-t-on syndicats agricoles ?

On donne le nom de syndicats agricoles à des
sociétés de cultivateurs dont le but est la défense
des intérêts de l'agriculture.

*Quels sont les avantages des syndicats agri-
coles ?*

Les avantages des syndicats agricoles sont les
suivants :

1° De supprimer les intermédiaires entre les
acheteurs et les producteurs ;

2° De rapprocher les producteurs des consom-
mateurs :

(1) Les syndicats agricoles ont obtenu le droit de se consti-
tuer par la loi du 21 mars 1884.

3° D'établir pour leurs adhérents un bureau de renseignements ;

4° De procurer à leurs adhérents, des engrais excellents et de bonnes semences ;

5° De diminuer les frais de production et les frais de vente, et de réaliser, autant que possible, le problème de la vie à bon marché.

Les cultivateurs ont donc intérêt à faire partie d'un syndicat agricole ?

Oui, assurément, et il est facile de s'en convaincre. Par exemple la question des engrais a une grande importance pour les cultivateurs. Souvent, on leur vend des engrais chimiques qui sont falsifiés et qui, par conséquent, ne produisent que peu d'effets sur les récoltes.

Il faut donc s'assurer si l'engrais est falsifié, et pour cela il suffit de le faire analyser. Il y a aujourd'hui, au chef-lieu de certains départements, ce qu'on appelle une station agronomique ou bureau dirigé par un chimiste qui fait, à peu de frais, l'analyse des engrais vendus (1).

Mais les cultivateurs ont un autre moyen plus pratique d'éviter la fraude, c'est de faire partie des syndicats d'agriculteurs, qui fournissent d'excellents engrais à bon marché.

Les syndicats agricoles peuvent donc rendre de grands services à l'agriculture ?

Les syndicats agricoles permettent aux culti. vateurs d'acheter, dans de bonnes conditions, les engrais, les semences, les machines, etc., de mieux vendre leurs produits.

En réduisant le prix de revient des engrais chimiques, en contrôlant la qualité des produits

(1) Une station agronomique existe à Caen.

achetés, en favorisant l'acquisition des machines perfectionnées, des animaux nécessaires à l'exploitation agricole, les syndicats se transformeront en un puissant agent du progrès de la culture ; ils donneront le moyen de lutter contre la concurrence étrangère et de relever la prospérité nationale, et ils contribueront à détourner les enfants des campagnes d'aller se perdre dans les villes.

V

Assurances agricoles

Qu'entend-on par assurances agricoles ?

Les assurances agricoles ont pour but de réparer les pertes que les cultivateurs sont sujets à éprouver. Ainsi, le cultivateur prudent doit toujours s'assurer contre les dommages causés aux immeubles, au matériel, aux récoltes ou aux animaux par l'incendie, la grêle ou les épizooties.

Moyennant le paiement annuel d'une certaine prime, il touchera, en cas de perte une somme déterminée d'après l'importance du sinistre.

Combien y a-t-il de sortes d'assurances ?

Il y a deux sortes d'assurances : les unes sont à primes fixes, c'est-à-dire que le montant du versement annuel est invariable ; elles sont alors contractées avec de véritables compagnies commerciales ; les autres sont appelées mutuelles, quand un certain nombre de cultivateurs se constituent en société dans le but de se garantir mutuellement le remboursement des dommages qu'ils pourraient éprouver. Dans ce dernier cas, la prime varie en raison de l'importance des sommes versées dans l'année aux sinistrés.

Les institutions agricoles ont donc une grande importance pour les cultivateurs?

Les institutions agricoles peuvent sauver de la ruine les cultivateurs qui n'ont que les ressources que leur procure le produit de la culture pour parer à toutes les exigences de la vie. On ne saurait donc trop encourager la formation de ces utiles institutions.

VI

Conclusion

On ne peut nier que l'agriculture soit en progrès. Depuis quelques années, l'outillage s'est perfectionné, les machines agricoles ont remplacé le travail manuel dans bon nombre d'exploitations, l'emploi des engrais chimiques a pris une extension considérable, et, comme conséquence naturelle de ces améliorations, les rendements du sol se sont élevés sensiblement.

Le gouvernement de la République peut, à bon droit, revendiquer une large part dans ce progrès. En effet, par ces diverses institutions d'enseignement agricole, et par les notables augmentations des ressources du ministère de l'agriculture, un essor nouveau a été donné à la propagation des bonnes méthodes de culture et aux études expérimentales qui sont le fondement de tout progrès agricole (1).

(1) En 1825, l'Etat consacrait 276 mille francs à l'enseignement agricole. Son budget dépasse maintenant 4 millions.

Mais il ne faut pas oublier qu'il n'y a rien de fait tant qu'il reste quelque chose à faire, et qu'il y a encore des progrès à réaliser. C'est pourquoi les cultivateurs doivent redoubler de zèle et d'efforts pour s'instruire et acquérir les connaissances qui leur permettront de marcher dans la voie du progrès. Qu'ils n'oublient pas que la maxime favorite de Sully : « Labourage et pâturage sont les deux mamelles de la France », n'a, de nos jours, rien perdu de sa vérité, et que le but essentiel du cultivateur est d'obtenir des produits dont la valeur dépasse les frais d'exploitation.

APPENDICE

Horticulture et Arboriculture

CHAPITRE XXI

I

Jardin. — Verger

Qu'est-ce que l'horticulture ?

L'horticulture est l'art de cultiver et d'entretenir les jardins.

Combien de parties comprend le jardin du cultivateur ?

Le jardin du cultivateur comprend : 1° le jardin potager ou à légumes ; 2° le verger ou jardin à fruits ; ce sont deux dépendances nécessaires d'une exploitation agricole.

Quelle est la meilleure exposition d'un jardin ?

Le jardin le mieux exposé est toujours celui qui est droit sans inclinaison sensible, et qui est garanti au nord, soit par une colline, soit par un bois, soit par des bâtiments, de hauts murs, etc...

De quel jardin le cultivateur s'occupe-t-il particulièrement ?

Le cultivateur s'occupe particulièrement du verger ou jardin à fruits ; c'est pourquoi nous ne nous occuperons que des arbres fruitiers, ce qui constitue l'arboriculture.

Définissez l'arboriculture ?

L'arboriculture est la culture des arbres, principalement des arbres fruitiers.

II

Arbres fruitiers

Qu'appelle-t-on arbres fruitiers ?

Ce sont les arbres qui produisent les fruits pouvant servir à la nourriture de l'homme.

Quels sont les arbres fruitiers que l'on cultive dans un verger de ferme ?

Ce sont : le pommier, le poirier, le prunier et le cerisier.

Comment se reproduisent les arbres fruitiers ?

Les arbres fruitiers se reproduisent ou se multiplient par le semis, la bouture, la marcotte et la greffe.

Quels sont les avantages et les inconvénients du semis ?

Le semis est le mode le plus naturel ; il produit des arbres plus vigoureux, et on n'est pas toujours sûr d'obtenir des fruits semblables à ceux dont on a semé les graines. Aussi ne sème-t-on guère que dans les pépinières *(a)*.

III

Bouture. — Marcotte

Indiquer comment se pratiquent la bouture et la marcotte ?

La bouture est une branche qu'on détache d'un végétal pour la planter en terre et lui faire prendre racine *(b)*.

La marcotte consiste à faire prendre des racines à une branche qui tient encore à sa tige. A cet effet on couche la branche en terre, on l'y maintient au moyen d'un crochet en bois *(c)* ; plus tard on la sépare du pied-mère.

Ces procédés, qui ne s'appliquent qu'à un certain nombre de plantes, sont d'un emploi assez rare dans la culture des arbres fruitiers.

IV

Greffe

Qu'est-ce que la greffe ?

La greffe est une opération qui consiste à transporter sur un végétal appelé sujet, un rameau ou un œil d'un autre végétal qu'on veut propager *(d)*.

(a) Dupuis.
(b) Saucerotte.
(c) Greff.
(d) Dupuis.

On appelle aussi greffe le rameau ou l'œil qu'on a transporté (1).

Que faut-il pour que la greffe réussisse ?

Pour que la greffe réussisse, il faut que la greffe et le sujet soient de même espèce ou d'une espèce à peu près semblable ; ainsi, on ne pourrait pas greffer un poirier sur un prunier, mais on le greffe bien sur un cognassier (a).

Il faut aussi que l'écorce vive de la greffe touche l'écorce intérieure du sujet, et que l'opération soit faite assez promptement pour que le contact de l'air n'ait pas le temps de dessécher les plaies. On attache les greffes des sujets faibles avec de la laine grossièrement filée.

A quel moment se pratique la greffe ?

La greffe se pratique au printemps et en été. Au printemps, on choisit le moment où la sève commence à monter ; en été, on greffe avant qu'elle soit arrêtée complètement.

V

Différentes sortes de greffes

Indiquez les principales sortes de greffes ?

Les principales sortes de greffes sont : la greffe en fente, la greffe en couronne, la greffe en écusson et la greffe par approche.

En quoi consiste la greffe en fente ?

La greffe en fente consiste à placer un rameau dans une fente que l'on a faite sur le sujet.

(1) Pour greffer, on se sert d'un greffoir ou serpette, dont la lame est bien effilée.

(a) Pavette.

Comment opère-t-on dans la greffe en fente ?

On détache un rameau de l'arbre, comme greffe, pourvu de deux ou trois bons yeux ; on taille et on amincit en biseau le bout inférieur. Puis on coupe net le sujet à greffer, et on y ouvre une fente, où on introduit la base de la greffe (*a*), on ligature le tout, et on recouvre la greffe et le sujet avec de la cire à greffer ou de l'onguent de Saint-Fiacre (1).

La greffe en fente se fait au printemps.

Comment se pratique la greffe en couronne ?

La greffe en couronne, qui se rapproche de la greffe en fente, n'est guère employée que pour les gros arbres.

Après avoir taillé les greffes en biseau, comme un bec de plume aminci, on les introduit entre l'écorce et l'arbre tout autour de la tige coupée, ce qui forme une espèce de couronne.

On assujettit le tout avec des liens, et on le recouvre d'un enduit, afin d'empêcher le contact de l'air.

Cette greffe se fait en mars ou avril, à l'époque de la pleine sève, où l'écorce se détache de l'aubier plus aisément (*b*).

Qu'est-ce que la greffe en écusson ?

La greffe en écusson consiste à prendre un écusson de jeune écorce, portant au milieu un œil ou bourgeon, et à l'appliquer sur le sujet après avoir d'abord fendu en T et soulevé l'écorce

---

(1) On appelle onguent de Saint-Fiacre, de la bouse de vache et de la terre glaise pétries ensemble.

(*a*) Dupuis.

(*b*) Fournier.

de celui-ci ; puis on recouvre la greffe avec l'écorce que l'on rabat. Cette greffe est dite d'œil dormant si on le fait à l'automne ; et à œil poussant, si c'est au printemps (a).

La greffe par approche est ainsi appelée parce qu'elle consiste à réunir la tige du sujet à la greffe. Elle diffère des autres en ce que le sujet et la greffe restent attachés à l'arbre qui les a produits.

Comment pratique-t-on la greffe par approche ?

On choisit deux arbres très rapprochés ; on enlève sur les côtés qui se regardent, une portion d'écorce ; puis on rapproche les deux arbres et on les lie fortement, de manière à ce que les parties écorcées se touchent exactement. Quand ils sont bien soudés, on supprime la partie du sujet située au-dessus de la greffe, ainsi que le pied de l'autre arbre, à moins qu'on ne veuille les laisser ainsi réunis (a).

On peut greffer par approche pendant tout l'été. Cette greffe est principalement usitée pour les plantes délicates.

(a) Dupuis.

CHAPITRE XXII

TAILLE DES ARBRES FRUITIERS

Sᴏᴍᴍᴀɪʀᴇ. — Taille en pyramide. — Taille en vase ou gobelet. — Taille en espalier. — Taille des arbres en plein vent. — Taille du pêcher.

I

Taille des arbres

Quel est le but de la taille des arbres?

La taille des arbres a pour but de leur faire produire des fruits plus beaux et plus savoureux.

A quelle époque taille-t-on les arbres?

On distingue la taille d'hiver et la taille d'été ou pincement. La taille d'hiver se fait avant l'ascension de la sève, c'est-à-dire du commencement de février à la fin de mars.

La taille d'été se fait lorsque la sève est en pleine activité, c'est-à-dire du commencement de mai à la fin d'août (a).

Comment désigne-t-on les branches?

On appelle branches charpentières, celles qui donnent à l'arbre sa forme et petites branches ou coursonnes celles qui, portées sur les branches

(a) Fournier.

charpentières, sont destinées à produire du fruit (a).

Quelles sont les principales espèces de taille ?

Ce sont : la taille en pyramide, la taille en vase ou gobelet et la taille en espalier (1).

II

Taille en pyramide

Qu'appelle-t-on taille en pyramide ?

La taille en pyramide est celle d'après laquelle les arbres sont garnis de branches de la base au sommet. L'arbre alors a la forme d'une quenouille ou d'un pain de sucre dont la pointe serait en haut.

Quelle est la disposition de la tige dans la pyramide ?

Dans la pyramide, la tige est verticale. De bas en haut, les branches latérales alternent entre elles, à 30 centimètres les unes des autres, prennent une direction oblique, et se raccourcissent insensiblement en allant de la base au sommet (a).

A quels arbres convient surtout la taille en pyramide ?

La taille en pyramide ou quenouille peut être appliquée à la plupart des arbres fruitiers : elle convient pourtant au poirier plus qu'à tout autre.

(1) Pour tailler les arbres on se sert de la serpette et du sécateur.

(a) Fournier.

III

Taille en vase ou gobelet

Comment donne-t-on à un arbre la forme d'un vase ou gobelet ?

La première année, la greffe donne quatre ou cinq bourgeons que l'on conserve. On tâche qu'ils soient rangés convenablement autour de la tige, que l'on rabat au-dessus de la branche supérieure. On taille à trois ou quatre yeux. La deuxième année, de nouveaux rameaux croissent et forment de nouvelles branches qui, taillées comme les premières, finissent par garnir l'arbre dès la troisième année (*a*).

Quels avantages présente la taille en vase ou gobelet ?

La tige, les racines et les principales branches garnissent promptement par l'abondance de la sève dans un parcours de canaux sagement limité ; elles résistent davantage aux secousses des vents violents, peuvent être plus aisément soignées et donnent des fruits qui se recommandent par le volume, la saveur et la couleur (*b*).

A quels arbres applique-t-on la taille en vase ou gobelet ?

La taille en vase ou gobelet s'applique, à l'exception du pêcher, à tous les arbres fruitiers et surtout au pommier (*b*).

(*b*) Desbeaux.
(*b*) Fournier.

IV

Taille en espalier

Qu'appelle-t-on espalier ?

On donne le nom d'espalier aux arbres qu'on plante devant un mur sur lequel on dirige leurs branches pour les faire profiter de la chaleur que ce mur renvoie.

En quoi consiste la taille en espalier ?

La taille en espalier consiste à diriger les branches-mères parallèlement au mur.

Indiquez les formes les plus ordinaires données aux espaliers ?

On donne aux espaliers, tantôt la forme d'un V ouvert, disposition commode et facile à établir ; tantôt on les aménage en parallélogramme ou en carré ; tantôt on les dispose en cordon ; alors elles alternent successivement à droite et à gauche. Cette forme est surtout employée pour les pommiers nains (*a*).

De quoi se compose une palmette ?

La palmette se compose de deux branches verticales et de branches horizontales à droite et à gauche. Sa forme en U est avantageuse en ce sens que les branches couvrent toutes les parties du mur et que l'espace entre les deux branches principales est utilisé pour produire du fruit (*a*).

Qu'appelle-t-on arbres en contre-espalier ?

On appelle arbres en contre-espalier, les arbres dont les branches sont fixées et étendues soit sur

(*a*) Fournier.

des fils de fer, soit contre un treillage, à distance des murs et en plein air (*a*).

V

Arbres en plein vent

Qu'appelle-t-on arbres en plein vent ?

On donne le nom de plein vent aux arbres fruitiers qu'on abandonne à eux-mêmes après les avoir plantés à une distance suffisante pour qu'ils ne se gênent pas en grossissant.

Comment taille-t-on les arbres en plein vent ?

Les arbres en plein vent sont greffés sur une tige d'environ 2 mètres.

La 1re année, on coupe la greffe au-dessus du troisième œil ; elle produit l'année suivante plusieurs rameaux, parmi lesquels on conserve les mieux placés pour faire des branches-mères. On taille les nouvelles branches à 4 ou 5 yeux, puis on les laisse grandir, en ayant soin de supprimer les bourgeons de l'intérieur et de modérer la sève des rameaux qui tendraient à s'élever verticalement (*b*).

VI

Taille du pêcher

En quoi la taille du pêcher diffère-t-elle de celle du poirier et du pommier ?

La taille du pêcher et des autres fruits à noyaux diffère surtout de celle des poiriers et des pom-

(*a*) Fournier.
(*b*) Desbeaux.

miers en ce qu'il est nécessaire de conserver sur les pêchers des bourgeons pour remplacer chaque année les branches à fruit qui ont porté, et qui restent stériles dès qu'elles ont fleuri. Le poirier et le pommier, au contraire, sont deux ou trois ans pour former leurs boutons à fruits; leur bourgeon terminal se développe toujours en bois, sans produire de fleurs, de sorte que, pour hâter la formation des lambourdes ou petites branches à fruits du poirier et du pommier, il faut supprimer le sommet des rameaux pour les empêcher de s'élancer, les forcer à pousser des branches latérales; il faut aussi rogner les rameaux les plus voisins des bourgeons à fruits, et leur renvoyer, par ce procédé, la sève qui s'égarerait, et ne produirait que du bois et des feuilles.

Le pêcher pousse toujours haut et se dégarnit par le bas; l'abricotier, au contraire, se dégarnit par le haut et se regarnit sans cesse par le bas; les branches de l'abricotier portent en même temps des fruits et du bois *(a)*.

Citer des opérations qui simplifient la pratique de la taille des arbres ?

La taille des arbres peut être simplifiée par les 3 opérations suivantes, quand elles sont bien conduites : 1° le pincement; 2° l'ébourgeonnement; 3° l'arcure.

Qu'est-ce que le pincement ?

Le pincement consiste à couper avec les ongles l'extrémité d'une jeune pousse, quand elle est encore tendre. Il a pour but de retenir la sève aux bourgeons utiles, de la ralentir dans les par-

______

(a) Lagrue.

ties pincées et de les mettre à fruit. On pince les gourmands, les bourgeons trop vigoureux, pour protéger les faibles.

Qu'est-ce que l'ébourgeonnement ?

L'ébourgeonnement est une opération qui consiste à supprimer dans le courant de la végétation, tous les bourgeons reconnus inutiles et qui vivraient aux dépens des autres *(a)*.

Qu'est-ce que l'arcure ?

L'arcure consiste à courber en arc, la pointe dirigée vers le sol, les branches trop vigoureuses, pour ralentir la marche de la sève et forcer ces branches à se mettre à fruit.

REMARQUE. — La taille des arbres, aussi bien que la greffe, s'apprendra plus facilement dans le jardin que dans une longue explication du livre; c'est pourquoi il nous a paru inutile d'ajouter des figures au texte. Nous engageons donc les instituteurs à faire suivre à leurs élèves les leçons pratiques d'un jardinier habile.

(a) Desbeaux.

CHAPITRE XXIII

PROBLÈMES RELATIFS A L'AGRICULTURE

1. — On donne à un cheval une botte 1/2 de foin et 6 litres d'avoine par jour. A raison de 42 fr. les 100 bottes de foin et de 1 fr. 15 le décalitre d'avoine, combien revient par an la nourriture d'un cheval ?

2. — Un cultivateur possède 6 vaches qui pendant 8 mois lui donnent chacune 12 litres 1/2 de lait par jour. Il vend son lait 0 fr. 15 le litre. Quelle somme retirera-t-il de ses vaches pendant une année ?

3. — L'urine se vend 0 fr. 33 l'hectolitre. Trouver, non compris les frais de transport, la dépense à faire pour arroser une prairie de 2 hectares 75 ares, si 250 hectolitres suffisent pour un hectare ?

4. — On a récolté 16 hectolitres de blé par hectare dans un terrain de 260 mètres de long sur 145 de large. Si un hectolitre pèse 75 kilogrammes, on demande quelle sera la valeur de la récolte, à raison de 24 fr. les 75 kilogrammes ?

5. — Un tas de fumier de 8^{m}50 de long sur 5^{m}20 de large et 1^{m}75 de haut a été vendu 325 fr. Combien vaut le mètre cube de ce fumier ?

6. — La luzerne se sème à raison de 30 kilogrammes par hectare. Trouver combien coûterait l'ensemencement d'un champ rectangulaire ayant 160 mètres de long et 92 mètres de large, si la graine vaut 0 fr. 85 le kilogramme ?

7. — La betterave râpée et pressée fournit en jus les 0,85 de son poids. 100 kilogrammes de jus fournissent 62 kilogrammes de sucre. Quelle quantité de betteraves faut-il traiter pour obtenir 1 quintal de sucre ?

8. — 2,340 kilogrammes de pommes peuvent fournir 1,000 litres de cidre pur et 600 litres de cidre étendu d'eau. Combien pourrait fournir de tonneaux de cidre mitoyen, formé du mélange des deux cidres précédents, une récolte de 370 quintaux de pommes, si un tonneau contient 1,050 litres ?

9. — Un cultivateur a récolté 2,450 bottes de foin pesant chacune 5 kilogrammes. Il demande pendant combien de jours il pourra donner la ration de foin à ses 4 chevaux, si chaque cheval dépense par jour 8 kilog. 5 de foin ?

10. — Un fermier récolte 150 quintaux de blé. L'hectolitre de blé pèse 75 kilogrammes et se vend 25 fr. Quel poids de pièces de 5 fr. en argent demandera-t-il pour prix de sa récolte ?

11. — On veut paver une écurie avec des carreaux ayant 25 centimètres de côté et coûtant 85 fr. le mille. Cette écurie a 9m25 de long et 5 mètres de large. Quels seront le nombre et le prix des carreaux employés ?

12. — Une vache fournit annuellement 150 kilogrammes de beurre que l'on vend 2 fr. 60 le ,

kilog. Il faut 25 litres 75 de lait pour faire
1 kilog. de beurre. Quel aurait été le bénéfice
ou quelle aurait été la perte si, au lieu de
faire du beurre, on avait vendu le lait 0 fr. 20
le litre ?

13. — Une pièce de terre de 10 hectares 25 ares
semée en orge a donné 462 hectolitres de
grain qui ont été vendus 16 fr. l'hectolitre,
plus 18,450 kilogrammes de paille à 12 fr. les
100 kilog. Quelle somme a rapporté l'hectare
de terre ?

14. — Un hectare de terrain produit 1,970 litres
de froment et l'hectolitre de froment pèse
77 kilog. 5. On sait que 100 kilog. de froment
donnent 55 kilog. d'amidon. Quel poids
d'amidon tirera-t-on de la récolte d'un champ
de 3 hectares ?

15. — Le lait donne en moyenne les 4/25 de son
poids en crème, et la crème donne le 1/4 de
de son poids en beurre. D'après cela, combien
100 kilog. de lait fourniront-ils de kilog. de
crème et de kilog. de beurre ?

16. — Une fosse à purin a 5ᵐ20 de long, 1ᵐ30 de
large et 1ᵐ10 de profondeur. Combien faudra-
t-il faire de voyages avec un tonneau de
114 litres pour vider cette fosse, et quelle
surface pourrait-on fumer avec ce purin, si
l'on répand 85 litres sur 45 centiares ?

17. — Pour drainer 3 hectares de terrain, il a fallu
3,120 mètres de fossés à 8 centimes le mètre
courant, 7,800 tuyaux de petit calibre, à 20 fr.
le mille, et 2,200 tuyaux de gros calibre, à
25 fr. le mille. On a dépensé 80 fr. pour la
pose des tuyaux, les remblais et les trans-

ports. Calculer le prix du drainage pour 1 hectare?

18. — Pour détruire la mousse d'une prairie de 125 mètres de longueur sur 72 mètres de largeur, on répand du sulfate de fer. Quelle sera la dépense, à raison de 2 kilog. de sulfate par are, si cette substance revient à 7 fr. 75 les 100 kilogrammes?

19. — Une prairie d'un hectare de superficie exige chaque année 8,000 mètres cubes d'eau pour son arrosement. Quel est le poids de l'eau nécessaire pour arroser 75 mètres carrés de cette prairie pendant l'année?

20. — Une prairie de 2 hectares 8 produit 18,300 kilog. de fourrage vert par hectare. Par la dessication, ce fourrage perd 64 p. 0/0 de son poids, et on vend le foin sec à raison de 80 fr. les 1000 kilog. Quel est le produit en argent de la prairie?

21. — Un fermier veut couvrir d'une couche de fumier de 5 centimètres d'épaisseur une pièce de terre de 2 hectares 75 ares. Combien lui faudra-t-il de voitures de fumier de 2,000 kil. chacune, sachant qu'un mètre cube de fumier pèse environ 685 kilogrammes.

22. — Le litre de blé pèse 750 grammes et fournit 83 p. 0/0 de farine et le reste de son. Quel poids de son et de farine tirera-t-on du blé renfermé dans un grenier plein, qui a 2^m60 de longueur sur 1^m40 de largeur et 1^m50 de hauteur. Quel serait, en outre, le prix de ce blé, à raison de 4 fr. 55 le double décalitre?

23. — Un hectare de terre cultivé en colza a donné 18 hectolitres de graine. L'hectolitre de graine pèse 72 kilog., et 100 kilog. de graine donnent 30 kilog. d'huile. Trouver le poids de l'huile qu'on retirera de la graine de colza récoltée sur un terrain de 225 ares ?

24. — On veut étendre de la chaux sur un terrain rectangulaire ayant 105 mètres de long et 43 mètres de large, à raison de 1 mètre cube pour 300 mètres carrés. Quelle sera la dépense si la chaux coûte 3 fr. 50 la mesure de 4 hectolitres, la main-d'œuvre et le transport revenant, en outre, à la somme totale de 6 fr. par mètre cube ?

25. — Un moissonneur fauche un champ de blé de 245 mètres de longueur sur 136 mètres de largeur, à raison de 15 fr. l'hectare. Combien a-t-il gagné en tout, et combien a-t-il gagné par jour, s'il a travaillé pendant 9 jours ?

26. — Une pièce de terre contient 372 ares. On la fait marner à raison de 25 mètres cubes l'hectare. On demande quelle sera la dépense, si la marne coûte 2 fr. 40 le quintal métrique, et si le mètre cube pèse 1,630 kilogrammes ?

27. — Un fermier assure son mobilier à raison de 0 fr. 65 pour 1,000 fr. et ses récoltes à 0 fr. 25 p. 0/0. Son mobilier est estimé 4,250 fr. et ses récoltes sont évaluées 3,180 fr. On demande : 1° à combien s'élève chaque prime d'assurance ; 2° combien le fermier devrait recevoir d'indemnité si le tiers de sa récolte était perdu par suite d'une grêle ?

28. — Pour irriguer un pré, on a fait creuser 247^{m}50 de fossés de 0^{m}50 de profondeur et de

0^m35 de largeur à 0 fr. 60 le mètre cube. On a employé 24 journées 1/2 d'ouvrier à 2 fr. 50 pour tracer les rigoles ; on a fait ouvrir 540 mètres de rigoles à 1 fr. 15 l'hectomètre. Quel est le prix de revient de ce travail ?

29. — Une laiterie a produit dans une année 700 kilog. de beurre. Il faut environ 14 litres de lait pour produire 500 grammes de beurre et une vache donne en moyenne 5 litres de lait par jour. On demande quelle est la production du lait pendant l'année, et quel est le nombre de vaches de la laiterie ?

30. — Un pré de forme triangulaire a 180 mètres de base et 125 mètres de hauteur. Il donne par hectare 4,800 kilogrammes de foin sec. Quelle est la valeur de ce foin, à raison de 6 fr. 25 le quintal métrique ?

31. — La betterave donne 6 p. 0/0 de son poids de sucre. L'hectare de terre produit 23,000 kilog. de betteraves. Quelle étendue de terrain faut-il planter de betteraves pour alimenter une raffinerie qui produit annuellement 12,000 kil. de sucre ?

32. — La crème fournit les 3/10 de son poids de beurre. 9 litres de lait donnent 1 kilog. de crème. Combien faut-il de litres de lait pour faire 30 kilogrammes de beurre ?

33. — Pour drainer un terrain de 1 hectare, il faut 3,590 tuyaux de 0^m33. Le prix d'un mètre de tuyaux est de 0 fr. 10 ; les frais de placement sont égaux à la valeur des tuyaux. Combien coûtera le drainage d'un terrain de 12 hectares 1/2 ?

34. — Le fumier non plâtré perd environ les 2/5 de sa valeur. Quel profit aurait un cultivateur en plâtrant un tas de fumier long de 15 mètres, large de 4 mètres et épais de 1m8, si le mètre cube vaut 6 fr. 50 et s'il emploie 2 hectolitres de plâtre à 1 fr. 75 l'hectolitre ?

35. — Un fermier a récolté 320 hectolitres de blé. Il en garde le 1/10 pour la nourriture du personnel de la ferme, le 1/8 pour la semence, et vend le reste à raison de 32 fr. 75 le quintal métrique. Quelle somme doit-il recevoir sachant que l'hectolitre de blé pèse 78 kil. 1/2 ?

36. — On voudrait mettre de l'engrais dans un terrain de 2 hectares 25 ares. Il en faut environ 1/2 mètre cube par are ; on paye cet engrais 4 fr. 25 le mètre cube ; le transport coûte 1 fr. 80 par tombereau de 1 mètre cube 3/4. Quelle sera la dépense totale.

37. — Un fermier a récolté 350 mesures de pommes. Il en vend 1/3 à raison de 2 fr. 50 la mesure et fait avec le reste du cidre à raison de 3 hectolitres par 15 mesures de pommes. Combien retirera-t-il de sa récolte de pommes, si le cidre vaut 18 fr. l'hectolitre.

38. — Un cultivateur achète un champ rectangulaire dont la longueur est de 75m80 et la largeur de 52m30, à raison de 2,500 fr. l'hectare. Il s'engage à payer le prix de ce champ dans 6 mois avec les intérêts à 5 p. 0/0 de la somme due. Combien aura-t-il à payer ?

39. — Un champ a 150 mètres de long sur 75 mètres de large. Le propriétaire de ce champ, dont le sol est argileux, veut l'amen-

der avec de la chaux, à raison de 4 mètres cubes 1/2 par hectare. Si la chaux revient sur place à 1 fr. 10 l'hectolitre, et si les frais d'épandage sont de 0 fr. 10 par are, quelle sera la dépense ?

40. — Les frais de culture d'un hectare de terrain ensemencé en carottes s'élèvent à 206 fr.; la récolte et le transport coûtent 50 fr.; le loyer d'un hectare est de 65 fr.; l'engrais coûte 120 fr. et les frais généraux s'élèvent à 30 fr. On récolte 380 quintaux de carottes à 2 fr. 25 l'un. Calculer le bénéfice du cultivateur ?

41. — La citerne d'une ferme a la forme d'un parallélipipède rectangle, dont la base mesure 2^{m}50 de long sur 1^{m}50 de large ; la profondeur de la citerne est de 0^{m}80. Si elle est pleine aux 3/4, dans combien de temps sera-t-elle vide, si l'on en tire chaque jour 1/2 hectolitre ?

42. — Trois faucheurs ont coupé dans 3 jours 1/2 l'herbe d'un pré de 700 mètres de long sur 50 mètres de large, moyennant 7 fr. 50 l'hectare. Que revient-il à chacun, et à quel prix cela met-il leurs journées ?

43. — Un champ de 17 ares donne 248 gerbes de blé. Quelle est la valeur de cette récolte, non compris la paille, si 5 gerbes produisent 2 décalitres 1/2 de blé, et si le blé vaut 3 fr. 80 le double décalitre. Quel est le revenu d'un mètre carré ?

44. — L'hectare de blé donne en moyenne 550 gerbes. Quel est le poids de blé que produit chaque gerbe, sachant que l'hectare donne

19 hectolitres de grain, pesant 78 kilogrammes chacun ?

45. — Un tas de bois à brûler ayant 4^m25 de long, 3^m75 de large et 1^m33 de hauteur est vendu 7 fr. 80 le stère pris dans la forêt. A combien revient le tas rendu en ville, si l'on paye 3 fr. 25 par stère de charroi et 0 fr. 65 d'octroi également par stère?

46. — On a fumé 12 hectares de terrain avec 180 quintaux de fumier. Combien faudra-t-il, pour fumer un autre terrain de 15 hectares 1/2, d'un autre fumier renfermant 30 p. 0/0 de plus de principes fertilisants ?

47. — Un cultivateur a récolté 1,500 quintaux de pommes qu'il pourrait vendre 45 fr. les 500 kilogrammes. Il préfère brasser ses pommes et il obtient 200 litres par 400 kil. de pommes. En supposant que le cidre soit vendu 15 fr. l'hectolitre, ce cultivateur a-t-il bien fait de ne pas conclure son premier marché.

48. — Un fermier a fait creuser un fossé long de 47 mètres, large de 1^m20 et profond de 0^m86. Il fait transporter la terre de ce fossé sur un petit champ de 15 ares. Quelle sera la hauteur de la couche de terre ?

49. — 100 kilog. de foin ont la même valeur nutritive que 320 kilog. de pommes de terre. Si l'on suppose qu'un hectolitre de pommes de terre pesant 82 kilog. coûte 2 fr. et 1,000 kilog. de foin 58 fr., y a-t-il avantage à acheter du foin? Quelle serait la perte ou le gain sur 2,400 kilog. de foin ?

50. — Un cultivateur a fait sa récolte de blé sur
3 hectares 1/2 qui lui ont donné, par hectare,
17 hectolitres 25 litres ; le battage au fléau
coûte par hectolitre 1 fr. 40, et le battage
avec une batteuse mécanique ne revient qu'à
0 fr. 45. Combien ce cultivateur gagnerait-il à
faire battre son blé à la mécanique ?

FIN

TABLE DES MATIERES

PREMIÈRE PARTIE

LA FERME

CHAPITRE I

CHAPITRE II

CHAPITRE III

CHAPITRE IV

DEUXIÈME PARTIE

LE SOL

CHAPITRE V

CHAPITRE VI

CHAPITRE VII

CHAPITRE VIII

CHAPITRE IX

CHAPITRE X

TROISIÈME PARTIE

LES PLANTES

CHAPITRE XI

CHAPITRE XII

QUATRIÈME PARTIE

LE CIDRE

CHAPITRE XVII

CHAPITRE XVIII

CHAPITRE XIX

SUPPLÉMENT

CHAPITRE XX

APPENDICE

Horticulture et Arboriculture

CHAPITRE XXI

CHAPITRE XXII

CHAPITRE XXIII

7785 — Caen, Imp. E. LANIER, rue Guillaume, 1 et 3.